高频情绪练习

提高自身能量场，好事就会发生！

［英］威克斯·金（Vex King）著
王明霞 译

GOOD VIBES, GOOD LIFE

湖南文艺出版社
博集天卷

母亲，我想把这本书献给您。我们的生活向来不容易，您却凭借着自己的力量、信念和毅力，为我们带来了许多不可思议的财富。

不管您的生活有多么不顺，也不管我屡次让您失望，您都会无条件地爱我。因为这份爱，您做出了种种牺牲；也因为这份爱，我的脸上始终带着笑容。您宽容的怀抱，您的笑脸，您给我的启发和鼓励，您身上那种疗愈性的力量，以及您所做的一切，都让我看到：有爱，一切皆有可能。因此，我现在决心要通过我的语言，将这份爱传递给大家。

当然，还有父亲——没有您，也不会有我。虽然我一直没有机会好好地了解您，但我一直能感觉到，每到紧要关头，总会有您的能量在指引着我走下去。我知道我的出生对您而言意义非凡，希望我能让您感到骄傲。

最后，我想把这本书献给每一个胸怀梦想的人，哪怕这个梦想仅仅是活下去，或是熬过某段黑暗的日子。

我一直以来的梦想，就是要写一本书——能够为这世上的人带来积极改变的书。我既然能实现自己的梦想，那你也能。我对你有信心，希望你也一样。

序 言

小时候,我曾有三年"居无定所"的经历。我们一家人曾经在亲戚家借住过一阵,还曾经在"流浪者之家"(收容所)住过一阵。毕竟不用露宿街头,我对此还是心存感激的,可住在"流浪者之家"的那段经历实在是不堪回首,令我害怕。

那段时间,总有一些面目可憎的人在收容所门口徘徊,在我们进门的时候,他们会用锐利的眼神瞪着我们。当时我才4岁,我很害怕,可母亲安慰我说:"没事的,你不看他们,直接进房间就好。"

有一天晚上,我们出去了一会儿,回来时发现楼梯上、走廊的墙壁上都是血,满地都是碎玻璃。我和姐姐们哪里见

过这么吓人的场面啊，于是都不约而同地望向母亲。我从她的眼睛里看到了恐惧。可是，她依然鼓起勇气保持镇静，让我们小心避开地上的碎玻璃，赶紧回房间去。

惊魂未定的我们，在试图弄清楚楼下发生了什么事情的时候，忽然听到了尖叫声，然后耳边响起了各种混乱的声音。这里太可怕了，我们再一次望向母亲，寻求安抚。她揽过我们，告诉我们不用担心，可我明明听见她的心在怦怦跳——她也在怕。

那一晚，我们都很难安睡。楼下此起彼伏的尖叫声始终没停。奇怪的是，没有警察来，好像也没有其他人站出来尝试平息这一场骚乱。似乎没人在意住在这里的人们的人身安全。这个世界是如此冰冷且堕落，而我们拥有的，只有彼此。

我每次和朋友、家人讨论类似的童年记忆时，他们都很震惊——我居然能记得这么多的事情。他们总会问："你怎么连这件事都能记得呀？你当时还那么小！"其实，我并不是什么事情都记得，当时的细节也不是记得很清晰。但是，当时很多经历中的种种感觉，不论好坏，我都记得一清二楚。当时的事件承载的情绪太多、太强烈了，于是这些记忆在很长一段时间里都在我的脑海里挥之不去。

在我十几岁的时候，我一度很想摆脱这些记忆，很想让自己能够忘记儿时经历过的那些挣扎。毕竟，有一些经历曾让我感到难堪。曾经的自己，令我感到不安，曾经说过和做过的一些事情，并不是那个年纪的孩子应该说或应该做的。

以前，我经常觉得自己被这个世界深深地伤害了，总是想着要报复回去。

现在，一切都不一样了。我会珍惜过去发生的每一件事，每一次经历中都有值得吸取的教训。

我意识到：好事也好，坏事也好，包括那些丑陋得无以复加的事情，都是现在的我的一部分。

虽然有一些经历可能很痛苦，但它们都是一种福祉——我从中学到了很多。这些经历给了我动力，让我想方设法地摆脱困境，努力过上更好的生活。

我之所以要写这本书,是因为想把自己这一路的经验与教训分享给大家,我希望能够帮助你理清思路,引导你过上一种"更好的人生"(这是我喜欢用的一种说法)。至于从我的故事中能汲取到什么,那取决于你。我明白,我的思想中有一些能引起你的共鸣,而有一些则不然。但不管怎么说,你如果能将本书中讨论到的一些想法加以应用,我相信你一定能在自己的生活中体验到神奇的积极转变。

我既不是哲学家,又不是心理学家,也不是科学家,更不是什么宗教领袖。我只是一个喜欢学习,并愿意与他人分享自己心得的普通人。我希望通过自己的分享,能够帮助别人从不愉快的感受中解脱出来,体会到更多的快乐。

我相信这世上的每个人都有能力改变世界。我的理想就是帮助你找到人生的意义,去为我们眼前这个动荡的世界创造价值。如果每个人都能成为地球上的一个有主人翁精神的公民,那这个星球所承受的负担将会大大减轻。一旦激发出你的最大潜能,你不仅仅会改变你自己的小世界,还会改变你身边的大世界。

有些人就喜欢"泯然众人矣"。他们往往甘于停留在一般人眼中的"常态"当中，而不愿意去争取更好的生活。想要更好的生活，意味着你要去发掘自己的"卓越"之处。简单地说，想要过得好，你就得成为最好的自己，就要打破禁锢着你的那道无形的屏障——这道屏障将你困在了一种差强人意的人生中。打破它，你才能触碰到那一片曾经不敢想象的天地。追求"卓越"就意味着要打破桎梏，迎接无限可能。因此，我们没法给"卓越"定一个硬性标准，我们能做的事情，只有努力让自己变得更好。

> 别再想着让别人觉得你很棒。
> 要让自己觉得自己很棒。
> 拓展你自己。考验你自己。
> 你能做到多好，就去做到多好。

这本书的目标，是帮助你现在就下定决心，成为更好的自己。我的目标，是帮助今天的你比昨天进步一点，每天都进步一点，在各个方面都进步一点，并且持续终生。假如你能记住这种心态，每天早上都想一想这个目标，然后有意识地去做，很快，你就会惊讶地发现自己变得动力十足，而你

的生活也出现了相应的变化。

"卓越"这个词的含义有许多维度。这是个主观的形容词,可大部分人听到这个词后,想到的都是具有某种特殊才能,拥有大量财富,有权有势,或者是在某个领域成就非凡。其实,真正的"卓越"不是那么简单的。真正的"卓越",少不了追求、爱、付出、谦卑、善良、懂得欣赏他人,当然还有我们作为人来说最重要的——快乐。我理解"卓越"的时候,会想到的是在人生的各个方面都达到一定的高度,并能对世界产生积极的影响。"卓越"的人不仅仅是那些人生赢家,更是那些让我们感到"这个世界有他们真好"的人。

你应当拥有更"卓越"的人生,而这本书将会帮助你创造如此人生。

每日目标
"变得比昨天的自己更好一点点。"

写在前面的话

怎么做才是真正的爱自己？

要维持心灵上的安宁，我们需要平衡：工作与娱乐，行动与等待，消费与储蓄，玩闹与认真，离开与停留。生活中任何领域一旦失衡，都会让你疲于应对，并产生种种负面情绪，比如愧疚。

这里，我给大家举一个关于平衡行动与等待的例子。假如你是大学毕业班某个课题组的组长，你发现一个和你关系不错的组员偷懒，他没有做完课题任务就跑去上网。一开始，你可能会选择放他一马。但是，他这样做的次数多了之后，你发现他的任务进度越来越跟不上了，就会警告他，如

果他再这样下去,你就要向任课老师汇报了。如果他不把你的话当一回事,依然故我,你就得采取进一步行动了,这时候,你会觉得愧疚吗?

但凡你是一个善良、富有同情心的人,都会担心这样做会伤害他的感情,或是给他带来麻烦。毕竟,你如果向任课老师告他的状,就可能会给他带来严重的后果,影响他的课业成绩,乃至影响他的未来。可同时,他把你的警告当耳边风,又让你觉得自己一番好心被当成驴肝肺,而且被课题组其他成员看在眼里,可能会觉得你在偏袒他,会引发其他成员的不满。

其实在这种时候,只要你善良、诚恳,并且遵循一套公平的原则来采取行动,那么你根本用不着感到愧疚。

你要明白,对那些不在乎你的人,
你也没有义务对他们负责。

作为一个课题组组长,要记住,你已经尽力了,可惜你的朋友并不领情。如果不采取行动,那么你将面临内心的纠

爱自己,

就是在接受自己,

与努力为自己争取更好的待遇之间实现平衡。

结，失去组员的信任，而且这还会影响你自己的最终成绩。

通过采取平衡的方法，你会感觉轻松很多，还能避免各种负面情绪，比如愧疚。这种时候，你表现得既有行动力，又有耐心；既有对他人的理解和包容，又有坚定与权威性。当你采取了这样的方法，很有可能的是即使这位同学会感到不快，也能明白你已经给过他机会了。

那么，这和"爱自己"有什么关系呢？这么说吧，很多人对"爱自己"这个词都有误解。"爱自己"强调包容，可很多人把它当成了得过且过的借口。实际上，包容只是"爱自己"两个关键因素中的一个，如果一个人想要获得和谐的人生，就必须平衡这两个因素。

第一个因素，是鼓励我们无条件地爱自己，这是一种基本态度。实际上，人对自己的爱并不会因外在条件而改变，比如，你不会因为自己胖了或瘦了，或是做了个美容手术，就更爱自己。当然，你可能会因此变得更自信一点，但那不是"爱自己"。真正的"爱自己"是无论你在何时何地，都能欣赏自己，与你想要追求的是什么无关。

第二个因素，是鼓励成长，而且重点在于行动。提高自己，改善自己的生活，同样是"爱自己"，这意味着你能意识到，自己应当得到更多更好的东西，而不是得过且过。

要理解"爱自己"，我们不妨想想，对无条件地"爱他人"是一种什么样子。比方说，你的伴侣也许有一些烦人的习惯，可你不见得就会因此而不爱他。你会接受他的本来面目，有时候甚至能从他的缺点中学到东西。你还会希望他过得好。因此，如果他有什么不健康的习惯，你会努力帮他改掉。这就是你对伴侣无条件的爱。你不会苛求他，但你也希望他能做到最好——你是在为他好。"爱自己"是同样的道理，只是对象换成你自己而已：**将"为自己好"放在内心最重要的位置上。**

真正的"爱自己"可以体现在任何能为你的人生增加价值的事情上，从饮食到某种精神仪式，或是你的人际交往方式。当然，关键的一点就是接受：接受你的样子，接受你的现在。因此，"爱自己"能带来力量与解脱。

正确理解"爱自己"，才能帮助我们找到心态与行动之间的平衡。保持不好平衡，你就容易跌跌撞撞，四处碰壁。当你

"爱自己"时,就会发现生活也开始处处展现着对你的爱。

取得了心态与行动之间的平衡,还能帮助你得到更高能量的振动。关于这方面内容,我们将在接下来的几章里进一步探讨。

目 录
Contents

Part One
第一部分 关于"振动"

导言 / 002

"吸引力法则"里没提到的事 / 006

"振动法则" / 013

高频率的振动才是"好振动" / 019

Part Two
第二部分 积极的生活习惯

导言 / 024

跟正能量的人在一起 / 026

换一种身体语言 / 028

让自己喘口气 / 032

他山之石 / 036

不说人坏话，不钻牛角尖 / 039

摄入充足的营养和水 / 045

学会感恩 / 048

读懂自己的情绪 / 054

感受当下 / 061

冥想 / 067

Part Three
第三部分　将自己放在第一位

导言 / 076

自我反省 / 080

寻找"好伴侣"，与"有毒"的关系说再见 / 085

谁是真朋友 / 092

面对家人 / 097

帮助他人 / 103

应对消极的人 / 108

不必讨好每个人 / 118

用你的好振动保护自己 / 121

鼓起勇气，辞掉"有毒"的工作 / 123

Part Four
第四部分　接受自己

导言 / 128

欣赏自己的外表 / 132

只跟自己比 / 137

欣赏自己的内在美 / 144

为你的成就鼓掌 / 146

尊重你的独一无二 / 148

宽容你自己 / 155

Part Five
第五部分　目标实现：心态篇

导言 / 160

积极思维的重要性 / 161

你的思想，造就现实 / 165

探索你的潜意识 / 168

超越思维 / 170

一念之差 / 174

改变你的信念 / 176

确认你的目标 / 181

语言的力量 / 185

想清楚你要什么 / 187

把目标写下来 / 190

畅想成功后的你 / 195

全世界都在支持你 / 200

Part Six
第六部分　目标实现：行动篇

导言 / 204

有行动，才有改变 / 207

没有捷径 / 209

坚持才能有成效 / 213

平庸还是优秀？ / 216

拖延只会让梦想更遥远 / 218

不必急于求成，慢下来 / 225

眼光放长远，不图一时之快 / 228

担忧无用，保持乐观 / 232

学着顺其自然 / 235

Part Seven
第七部分　痛苦与意义

导言 / 238

痛苦带来改变 / 242

接二连三的考验 / 244

及早发现警告信号 / 246

更高的人生追求 / 249

金钱是一种能量 / 256

获得真正的快乐 / 260

结语 / 264

写在后面的话 / 267

致谢 / 270

Part One

第一部分

关于"振动"

世界会回应你振动的方式。

你散发出怎样的能量,就会收回怎样的能量。

导 言

我的整个大学生涯都在为钱发愁。虽然有学生贷款，可那笔钱的很大部分都花在了住宿上，能用来花销的钱极少，我连教辅书都买不起。向母亲伸手是不行的，因为我知道她手头也很紧张。尤其是，我知道但凡我开口向她要钱，她都会像往常一样，哪怕自己没饭吃，也要想方设法省出一笔钱来给我。

大部分时候，我都能精打细算，把钱花在刀刃上。我不时会和朋友聚餐，从来不饿肚子，身上的衣服也不会总是那几件。我能在网上挣到点外快，比方说在MySpace（聚友网）上帮人制作网页。

有一年为了喘口气，我回家过暑假了。当时我身无分文，感觉事事艰难。我对功课感到厌倦，所以不想回学校，也提不起劲来完成假期作业。毕竟用功了一整年，这会儿我得赶紧找一份暑期工作，好让自己下学期回到学校以后能够有钱过日

第一部分　关于"振动"

子。朋友们在计划结伴出游，大玩特玩一场来犒劳自己，我却没钱加入。而且，我还陷入了一场感情纠葛。这场柏拉图恋爱中的种种困扰时常让我大动肝火，而且对人生产生了怀疑。

一天晚上，我读到一本书，叫《秘密》[1]。很多人说这本书改变了他们的人生，说阅读后一定会有收获。这本书的内容建立在一个特别简单的原则——**吸引力法则之上**。

吸引力法则认为：你怎样看待世界，就会创造一个怎样的世界。换句话说，我们会把自己的想法付诸行动，从而将我们想要的东西吸引过来。这一法则不仅对你想要的东西成立，对你不想要的东西也同样成立。简单地说，就是**但凡是你关注的，都会向你靠拢**。因此，吸引力法则强调，**我们要多去想自己真正想要的东西，而不是盯在自己害怕和讨厌的事情上**。

吸引力法则强调积极思维。

在我看来，这有点美得不像真的，于是我做了点调查。在读了不少声称自己在吸引力法则指引下取得惊人的改变的例子

---

1. Byrne, R., *The Secret* (Simon and Schuster, 2006)

以后，我想，我的生活也能这样吗？

我很清楚自己想要什么：我想和朋友们一起去度假。这笔预算大约要500英镑。于是，我按照书上的建议，尽量保持积极思维。

过了一周左右，我收到一封税务局寄来的信，告知我可能交税交多了。这是不是表明吸引力法则发挥作用了？我赶紧把他们要的细节信息填好了，寄回去。一周的时间过去了，什么动静也没有。我的朋友们已经准备预订酒店了，而我却没办法加入，那种感觉真是糟糕透顶。我的脑海里一直萦绕着这笔可能存在的退税。

我越来越沮丧，于是拿起电话打给了税务局，问他们有没有收到我的信。对方确认，收到我的信了，会尽快给我回复。我是既兴奋，又着急，毕竟留给我的时间不多了。暑假的日子所剩无几，朋友们很快就要出发了。

又过了一周，还是没有一点退税的消息。我放弃这个想法了，并告诉朋友们不用等我了。我决定转移注意力，通过看一些励志的读物来改善心情，至少这样能让我对人生的感受稍微好一点。

第一部分 关于"振动"

又过了几天,一封来自税务局的信飘然而至。我紧张地打开一看,里面是一张800英镑的支票,这令我喜出望外。我赶紧跑去银行兑现支票。平时支票兑现往往需要五天,但是这次三天内就到账了。接下来的周一,我和朋友们终于在最后一刻订上了我们的假日套餐,并在四天后出发了。那一次,我玩得十分尽兴。不过,更重要的是我从此成为吸引力法则的信徒。

自此,我决定要贯彻这一法则,以改变我的整个人生。

"吸引力法则"里没提到的事

想让"吸引力法则"起作用,我们就要用积极的方式去思考。可是,要始终保持积极的态度是件很困难的事。生活总有出问题的时候,事情总有不尽如人意的时候,这种时候我们很难保持乐观。

很多人都觉得我是一个特别积极向上的人。其实在事情不顺利的时候,我远没有他们想得那么积极。我经常会陷入愤怒的情绪中。有时候,因为一些外部事件的刺激,我恨不得把眼前的一切都砸个稀巴烂。在这种时候,我会陷入一个消极的旋涡中,偶尔亢奋,但很快又会跌入谷底,和平时简直判若两人。这种极端状态同样也会反映在我的境遇上,一阵子春风得意,一阵子又事事不顺。在事事不顺的时候,我几乎看不到任何事情的光明面。那种时候,我常常会失控,一味地向外界发泄,有时砸家具,有时对别人出言不逊,有

第一部分 关于"振动"

时牢骚满腹,抱怨连天。

在大学的最后一年,我有一个重要的小组课题项目出了问题,这个课题的分数对我们的毕业成绩至关重要,当时我们小组内部出现了纷争,大家开始互相指责,嫌别人做得不够多。一开始,我还努力保持乐观,想着后面会好起来的,可事与愿违——大家吵得越来越凶了。

我忽然发现,"吸引力法则"不管用了。我的小组已经分崩离析,整天就是在争论谁没干什么,谁拖了大家后腿,而此刻离毕业只剩几个月的时间了。最终,事情失控了,大家说的话越来越难听;最惨的是,谁也找不到解决这个问题的办法。我和我的朋友达利尔(Darryl)都觉得受到了不公平的对待,却又别无选择,只好更拼命地干活,拼命赶上那些几乎不可能赶上的进度,尤其是还有其他的课业要完成。当时我们都觉得,我们的课题和考试肯定都要完蛋,肯定毕不了业了,前面辛辛苦苦上了四年大学,全都白费了。

我之所以会去读大学,是因为我觉得自己必须要有一个文凭。有了文凭,我才能找到一份好工作,过上小时候渴望

的那种舒服日子。但在我内心深处，我其实并不想上大学，我不怎么喜欢大学生活。我总有种感觉——我不会去做那种传统的工作。我如果去做了，那么一定是为了我的母亲。毕竟目睹了她艰难的一生，我想让她知道，她辛苦抚养我，没有白费。

可现在，终点线近在咫尺，我却发现，一切都要白费了。我满脑子都是自己如何辜负了母亲的期待，辜负了自己的期待，那么多学费都浪费在我可能拿不到的学位上。这一切都白费了。此时，我满脑子只剩下各种消极的念头。

我对母亲说我不想上学了，因为那儿根本不是我该待的地方。我讨厌那个学校，我在那里经历的事情太不公平了。我把她当成出气筒，把错一股脑地都怪到她身上。然而她并不生气，只是耐心地劝我再等等，再努力一阵。可惜，这只换来了我更多的难听话。

我厌倦了无休止的问题，想要抛开这一切。我没有活着的理由和目的，活着到底有什么意思？这种低落的情绪，甚至让过去一些最黑暗的记忆卷土重来，这让我更加消极，更加看不到希望。如果我根本不可能实现梦想，那么坚持下去还有什么意义？我几乎已经相信自己的人生就是一场笑话，还以为自己能做什么大事，这根本是痴人说梦。

我当时觉得自己看透了：好事是不会落到我身上的。于是，我开始在网上浏览招聘启事，看见有意思而且待遇不错的工作就去申请，哪怕明知自己根本不够资格。我想着，要是能找到一份工作，我看起来就没那么失败了，至少还能挣一些钱来帮家里还贷款，付账单，包括我的姐姐们的婚礼的开销。我在求职信里解释道，虽然我资历不够，但我会是最好的员工。可惜，这些求职申请都石沉大海。

在我内心深处，我很清楚不能放弃学业，毕竟大学已经读了这么久。我已经浪费了太多精力在逃避问题上，现在，该面对现实了，该干什么就干什么，剩下的就听天由命吧。

不过在此之前，我得先去参加我大姐的婚礼。这件事增加了我的压力，因为这意味着我得赶在所有人之前提早交作业，在距离最后期限只剩两个月的节点上请假离校。如此一来，我的课业压力就更重了，我顶着所有人的反对，执意和家人说我不能去参加婚礼了，尽管我很清楚错过这么重要的

场合会让我遗憾终身。不过最后,我还是不情不愿地去了。

出乎意料的是,到了婚礼上,我神奇地松弛了下来。婚礼是在印度的果阿举办,现场布置得很美。在场的每个人看起来都容光焕发,每个人都为姐姐和她的新婚丈夫感到幸福、快乐。老实说,当时的我并没有试图保持积极的态度。我已经破罐子破摔了,等着大家拿同情的眼光看我,可这个新环境却在我身上引起了一种好的转变。一种久违的感恩,涌上心头。

我永远都忘不了姐姐的这场婚礼,我从中悟出了一些道理。

回到家后,那种积极的感觉依然没有消散。我心情不错,对于身边的乱局也不再焦虑。这种冷静给了我新的动力,激励我想要好好地把该干的事给干完。

我做了一张分数卡,把拿到学位所需要的学分都统计了上去。每天,我都会对着这张分数卡看上几分钟,假装上面那些漂亮的分数是真的。倒不是说我真的觉得自己有本事拿到那样的分数,这么做只是为了激发自己的欲望和动力。不过,我确实相信自己能做好,这一点是真的。

第一部分 关于"振动"

我下定决心，每天去图书馆坐上一整天。我不仅解决了那多得夸张的课题组任务，还做了不少额外的事情。休息的时候，我专门找那些积极的，能让我自我感觉更良好的人聊天。

就在这些人中间，我遇到了我未来的终身爱侣。

到最后，考试、上交课题作业、毕业答辩，我都坦然应对，因为我对自己的投入有自信。事实证明，我果然还是没拿到那张分数卡上的高分，但应对毕业是绰绰有余了，而且还有意外之喜：我在最难的一门课上考了个高分。

在这之后，我继续使用"吸引力法则"，获得了不少类似的成功经验。不过总体而言，效果时灵时不灵。我总觉得，似乎差了点什么。等到我发现了这点欠缺以后，成功才变得稳定多了。我还在别人身上试验自己的发现，看看他们是否也能从中得益——事实证明，确实可以。很多人因此做到了一些自己曾经看起来是不可能的事。

也不是说我从此就心想事成了，只是，这些一开始以为的失败，最终我总会发现它们其实成就了我。很多时候，

我以为一样东西是我需要的、我想要的，最终却发现自己的出发点其实是错的。这些年下来，我越来越清楚，越来越庆幸，有些我曾经以为就该属于我的东西，其实对我并没有好处。很多时候我没得到的，最终却给我带来了更多更好的。

"振动法则"

> 世界会回应你振动的方式。
> 你散发出怎样的能量,就会收回怎样的能量。

"吸引力法则"之上,其实还有"振动法则",这才是过上更好的人生的关键。一旦你理解了这条法则,并且将之付诸实践,你的人生就将完全不一样。这并不是说你从此就会一帆风顺了,而是说你从此就学会掌控自己,为自己创造一个美好的人生。

拿破仑·希尔(Napoleon Hill)是最早开始写成长励志类作品的作家之一。他在1937年写的《思考致富》[1]一直雄

1.Hill, N., *Think and Grow Rich: The Original 1937 Unedited Edition* (Napoleon Hill Foundation, 2012)

踞畅销书榜首,受到许多世界级的商业巨头追捧,他们盛赞这本书能指引人们通往成功之路。希尔为写这本书,采访过500位成功人士,收集他们的成功经验。然后,在书中分享他自己从这些经验中悟出的道理。他的结论中有一条的大意是:我们能达到自己当前的状态,是由于我们在生活中,在环境里接收到的思想振动。希尔在他的书里多次提到"振动"这一概念,同样在我的书里,你也会经常看到这个词。

可惜,后来很多再版希尔的书的出版商,都把"振动"这个词做了修改。估计是出版商们觉得社会普遍还不太能接受希尔的这个理念。哪怕是现在,与振动有关的玄学理论因为缺乏科学证据,依然是受到质疑的。尽管如此,还是有一些人在试图解释"振动法则"。其中包括科学家布鲁斯·立普顿(Bruce Lipton)博士和作家格雷格·布莱顿(Gregg Braden)这类活跃在一线的人,他们致力于搭建科学和精神领域之间那道缺失的桥梁。[1]他们认为,我们的思想会影响我

1.Lipton, B.H., *The Biology of Belief: Unleashing the Power of Consciousness, Matter and Miracles* (Hay House, 2015); bruceliption.com; greggbraden.com; 'Sacred knowledge of vibrations and Water' (Gregg Braden on Periyad VidWorks, YouTube, August 2012)

们的生活，这样的观点和"振动法则"是相似的，虽然有些人会觉得这种说法不过是现代的伪科学而已。

不管怎样，我是特别认同"振动法则"的，我觉得它能帮助我理解人生——而且像我这样的人还不少。我见过不少由"振动法则"带来的神奇转变。所以，不管你信不信，看完这本书，你都会发现"振动法则"是没有坏处的。有时候，亲身体验会比任何数字、图表的数据更有说服力。

"振动法则"到底是什么？

首先你要记得，一切物质都由原子组成的，而每个原子都在振动。因此，在本质上，一切的物质与能量都是振动的。

回忆老师教过的知识：固体、液体和气体，都是物质的不同状态。同一物质在分子层面上的振动频率决定了它的状态，也决定了它在我们面前的表现形式。

我们所能感知到的现实，取决于自身感官所匹配的振动频率。换句话说，我们如果想要感知到某种现实，那么自身必须具备相同频率的接收能力。比如，人耳只能接收每秒振动20次至2万次之间的声波。但是，这并不意味着其他频率的声波就不存在，只是我们根本接收不到罢了。狗哨的声波频率就超出了人耳的接收范围，因此，这样的声音对我们而言似乎就是不存在的。

作家肯尼斯·詹姆斯·迈克尔·麦克莱恩（Kenneth James Michael MacLean）在他的《振动宇宙》[1]中提到，我们的五感、思想，和物质与能量一样，都是振动的。他认为，现实就是我们对自身所感知到的振动给出的解释。显然，我们所在的整个宇宙，就是各种振动交汇而成的一片海洋。因此，现实世界就是一个能够对不同振动做出反应的振动空间。

假如事实真如麦克莱恩所认为的那样，我们的思想、语言、感受和行动都是振动的，而宇宙会对它们做出回应，那么根据"振动法则"，我们就有能力控制我们的现实。

改变自己的思维、感受、语言和行动，

1.MacLean, K.J.M., *The Vibrational Universe* (The Big Picture, 2005)

第一部分 关于"振动"

你就能改变自己的世界。

你想让某种想法变成现实,或者更确切地说,为了让某种现实成真,你就得让自己与它的振动频率相匹配。**某件事情给你的感觉越"真实",说明你的振动频率与它越接近。**正因如此,只要你真心相信一件事情,并且把它当成一定会实现的目标来行动的话,你就有更大的概率把这件事情变为现实。

想要梦想成真,你的能量就要与你想要的那种现实相匹配。那就意味着我们的思想、情绪、语言和行为,都需要向我们想要的现实看齐。

这个道理类似"共鸣现象"——两个频率相同的音叉,敲响其中一个音叉,另一个音叉即使不被敲也会随之振动。被敲响的那一个,把振动传递给了没敲的那一个,是因为两者的频率相同:二者具备相同的振动频率。如果不具备相同的振动频率,那其中一个音叉的振动就无法传递给另一个。

同样的道理,你想要收听某个频道的电台,就要把接收器的频率调到相应的频道上。如果调整的频率不对,你接收到的可能就是另外一个频道的节目。

你一旦实现了与某种事物的"共振",就会逐渐将其吸引到你的现实中去。我们想要识别自己所在的频率,最简单的办法就是看自己的情绪——情绪是你能量状态最真实的反映。有时候,我们可能以为自己的心态和行动很积极,但内心深处却并不是这样,这种时候,我们其实只是在假装。只要注意观察自己的情绪,我们就会发现自己真正的振动频率,就会意识到我们真正吸引来的东西是什么。只有感觉好了,我们才会有好的心态,才能采取真正的好的行动。

高频率的振动才是"好振动"

所谓"好振动",其实就是高频率的振动。

在形容某种我们想要的事物时,"积极"和"好"这两个词往往可以互换。比如,你把过去某件事带给你的体验形容为"好"或是"积极",一定是因为这件事的发展是你想要的,或者说这件事至少没发展得太坏。

归根结底,你想要某样东西,一定是因为这件东西能带给你好处。就像生理上的欲望表现为追求愉悦的情绪,避免难受。大部分人都相信,实现了欲望就能给自己带来快乐。

既然,情绪是你可以控制的一种最强大的振动,并且我们在本质上都是想获得积极情绪,那么由此可推,我们的人生,其实就是在追求好的振动。你想啊:当我们感觉好的时候,我们的生活状态是不是看起来也挺好?如果这种好的振动可以持续，那么我们也就能够始终积极地看待自己的人生。

内科医生汉斯·詹尼（Hans Jenny）最为世人所知的成就，就是创造出"音流学"这个名词，用于研究声音和振动的可视化。他最著名的一个实验展示的是在一块铁片上随意撒一把沙子，看沙子如何随着小提琴弓弦摩擦铁片边缘所引起的不同声波的振动，而形成各种图案。高频率的振动能制造出美丽精巧的图案，而低频率的振动制造出的图案则要相差很多。因此，高频率的振动能带给我们更愉悦的体验。

我们都希望拥有一个充满爱和幸福的人生。爱与幸福都属于高频率振动的情感，这类情感能帮助我们实现更多愿望，从而进一步带来好的振动。相反，怨恨、愤怒和绝望的振动频率就要低得多，往往它们吸引来的都是我们不想要的东西。

根据"振动法则"，我们要想接收好的振动，就要发出好的高频率的振动。我们不仅是振动的发射器，还是振动的接收器。我们发出的振动，能吸引回来的必然是振动频率相

我们散发出去的感受，世界会原样奉还。

似的东西。这就意味着我们向世界散发出去的感受,世界会回报我们以相应的振动。因此,如果你散发出去的是快乐,世界会回报给你更多的快乐。我们普遍以为自己只有获得了想要的东西才能更快乐。但实际上,你现在就可以更快乐。

说到底,你爱自己与提高自己的振动水平是一回事。你努力提高了自己的振动频率,就会得到更多你所需要的爱与关怀。你的感觉好了,就能吸引更多的好事发生。你采取积极的行动,改变了心态,就会有更多的好事成真。只要学会了爱自己,你就会过上一种你渴望的人生。

Part Two

第二部分

积极的生活习惯

你所参与的一切事情,

都会通过某种方式影响到你的振动频率。

导 言

高频振动能让你感觉良好，
还能让你的生活中有更多的好事成真。

我们的目标是通过更高频率的振动，来获得更好的感受。有很多生活习惯可以帮助我们做到这一点，让我们离那种充满爱的幸福状态更近一步。

很多活动都能改变我们的情绪，提高振动频率。有些效果是持续性的，还有些效果只能给你一时欢愉。

比如，你和一个朋友闹翻了，心情很糟糕。那么去和别的朋友找些乐子，可能会让你心情好起来。比如，你可以用身体接触一个亲近的人、大笑、听欢快的音乐、做件好事、睡个好觉、活动活动身体，或是干点别的喜欢的事，都能提高你的振动频率。不过，事过以后，你还是要重新面对你的问题。**你的**

第二部分　积极的生活习惯

烦恼并没有减少，你只不过是暂时性地逃避了问题而已。

然而，冥想却不同于上面那些让你心情变好的方法。冥想是可以逐渐调节大脑作用机制的一种活动。通过冥想，再加上学会对自己的身心状态进行反思和研究，假以时日，就能够帮助你将低频振动的情绪转变成高频振动的情绪。冥想能够帮助你换个角度——从积极的角度去看待你和朋友闹翻这件事。（后面我们还会对冥想这个话题展开探讨。）

一切皆有能量，因此可以说你所参与的一切事情，都会通过某种方式影响到你的振动频率。爱自己，你想要成为一个更好、更快乐的人的最基本的要素就是采取新的行动，以及转换一种积极的心态。

有一些行动，一开始不起眼，似乎效果很有限。然而，如果能坚持下来养成习惯，就能产生长期的效果。这也是我们可以用来改善自己的好的选择。

跟正能量的人在一起 ➤

和那些振动频率高过你、比你更开心的人在一起。
能量是会传递的。

当你自己感觉不好的时候，尽量去和感觉好的人待在一起。他们的振动更强，以至于你大概率能从他们那里吸收一点正能量，就好像科学家发现的莱茵衣藻（Chlamydomonas reinhardtii）会从其他植物身上吸取能量[1]一样。

你有没有过这种体验？你刚认识一个人，就发现这个人给你的感觉有点不太对劲，说不上到底是哪里不对，但你就

1.Blifernez-Klassen, O., Doebbe, A., Grimm, P., Kersting, K., Klassen, V., Kruse, O., Wobbe, L., , 'Cellulose degradation and assimilation by the unicellular phototrophic eukaryote Chlamydomonas reinhardtii' (*Nature Communications*, November 2012)

第二部分　积极的生活习惯

是有种不好的感觉。往往这种情况到后来,你就会发现你的感觉是有道理的,能量不会说谎。

反过来也一样。有些人,他们总是浑身充满正能量,那种正能量似乎还会影响到他们身边的人。很多次,我仅仅是和这些乐观向上的人待在一起,坏心情就神奇地被赶跑了。

正能量的人还会帮助我们发现解决问题的出路。他们因为有着积极向上的心态,往往能看到事情好的一面,会试着从我们的困境中看到曙光,帮助我们调整重心,把注意力放在更能提高振动频率的方面。

所以说,我们要尽量多和有正能量的人交往。多与这种能够为你的生活增添价值,帮助你改善心情的人在一起,你就会逐渐受到感染,学会他们那种积极的思维方式,向他们的振动频率看齐。

根据"振动法则",我们会吸引和自己振动频率相同的人。因此,如果在他人影响下,我们的积极情绪越来越多,那么我们也会反过来吸引更多积极的人向我们靠近,由此进一步巩固我们自身的那种正能量。

换一种身体语言 ▸

我们在事情不顺的时候，想要微笑都很难。不过西蒙·施诺尔（Simone Schnall）和大卫·莱尔德（David Laird）在2003年发表过一个研究，说的是当你心情不好的时候，哪怕是一个假装的微笑，也能让大脑以为你正在开心，从而释放出一种叫内啡肽的快乐激素。[1]

一开始，你可能会觉得别扭。如果你觉得无缘无故地笑太古怪了，那不妨给自己找个笑的理由。"也许你的笑容会让别人开心呢！"这样想一想，是不是就值得一笑了呢？当你笑了之后，别人也可能会回报给你一个笑容，这下，你就有了一个真正的理由去微笑了。

1.Laird, D., Schnall, S., 'Keep smiling: Enduring effects of facial expressions and postures on emotional experience and memory' (Clark University, Massachusetts, 2003)

第二部分　积极的生活习惯

实际上，我们的思想和感情本来就会受到身体和生理活动的影响。当改变了外部状态后，内部状态也会随之改变。你可能不知道，我们传递给他人的信息，绝大部分都不是通过言语传递的，而是通过面部表情、手势，甚至是说话时没表达出来的那些信息传递的。因此，我们很有必要好好地审视一下自己的身体语言在传达什么信息。

如果让你示范一下一个情绪低落的人的样子，估计你会觉得很容易——你会低下头，做出阴沉沉的表情。如果再让你示范一下一个人生气的样子，估计对你来说也会觉得很容易。

那么，请你现在想一想：一个乐观向上的人会是什么样子的呢？他们的面部表情会是怎样的呢？他们的站姿是什么样子的呢？他们的举手投足有没有什么特点？他们的手一般是怎么放的？还有没有什么特别的动作？说话语调是怎样的？语速如何？

> 如果能装出一副快乐的样子，
> 你的内部状态就会随之变化，
> 情绪的振动频率也会随之提高。

也许你会担心，这种提高振动频率的方式是不正常的。其实，你不必担心，这种"事情没成之前先假装成功了"的做法已经有大量成功的先例了。例如，拳王穆罕默德·阿里（Muhammad Ali）就有句名言："想要成为一名最伟大的冠军，你就必须相信自己是最强的那个。即使不是，也要假装自己是。"阿里和索尼·利斯顿（Sonny Liston）的较量就是个例子：一开始，阿里并不被看好，不过他依然表现出一副能碾压利斯顿的样子。他在粉丝们的面前自我吹嘘，结果到了赛台上，他真的赢了。

社会心理学家埃米·卡迪（Amy Cuddy）最出名的研究就是关于人的身体语言不仅能影响他人对自己的看法，还能影响自己对自己的看法。她曾与他人联名发表过一篇报告：只要每天做两分钟左右那三种与力量相关的姿势，你就能刺激身体多分泌20%的"自信荷尔蒙"——睾丸素，同时减少自身25%的"抑郁荷尔蒙"——皮质醇。[1]报告称，这些所谓的"力量姿势"能让人感觉到自己更有力量了，简单又立竿

1.Carney, D., Cuddy, A., Yap, A., 'Power Posing: Brief Nonverbal Displays Affect Neuroendocrine Levels and Risk Tolerance' (*Psychological Science*, 2010)

第二部分　积极的生活习惯

见影。

有些人走错了方向——他们假装自己具备某些特殊条件或才能,并以此来吸引他人的注意。但是,如果你只是以装出某种姿态来提高自信,改善自己对自身的看法,那这种技巧就会奏效。这种想象出来的自信,会逐渐变成真正的自信,而且你装得越像,越接近那种振动频率,它就会变得越真实。

让自己喘口气

不要小看休息的重要性。有时候,生活中的不顺堆积在一起,会让我们喘不过气,整个人绷得紧紧的。

一个简单的办法就是放松一下,让你自己暂时躲开那些累人的事情。不要害怕独处。我注意到,人有的时候是会社交超载的,尤其当你本身就是一个内向的人时,你对这种感觉就会更有体会。你会觉得好像人人都需要你一样,你受不了了。

如果你是和伴侣、朋友或者家人生活在一起,说这种话听着似乎就有点残忍,好像你不喜欢他们了,或者是受够他们了一样。其实不然,你只是需要休息一下,好好地喘口气,充充电。你需要的只是独处一段时间而已。这完全正常,绝不是意味着你不爱他们了。

第二部分 积极的生活习惯

同样，各种社交媒体和网络也很容易对我们造成过度刺激。有时候，我们也需要从这些刺激中躲开一阵子。

那怎么才能知道自己此刻需要喘口气了呢？

举个例子：如果有人为了你做点什么，但你却觉得他们做过头了，或者感觉到他们挤压了你的私人空间，那基本上就知道你是社交超载了。没错，你可能会觉得内疚，毕竟人家是一片好心，而你只想他们离你远一点。

墨西哥的西班牙语里有一个词——engentado，形容的就是这种感觉。它指的就是当你和他人相处了一段时间以后会想要躲开一段时间。

虽然，我们不应该被情绪左右自己的行为，但这也不意味着就不能暂时抽离，给情绪一个出口。这对你、对他人都有好处。毕竟这种社交超载的状态拖得越久，你就越有可能影响到自己和他人的状态。

到大自然里待一段时间，效果会特别好。现在这个时代，人们似乎离开高科技产品就寸步难行。实际上，回归自然能让你整个人的状态焕然一新。1991年的一篇研究发现：自然环境能够改善情绪，改善心理健康状态，具有疗愈性的效果。[1]

你也用不着搞得太复杂。简单地出去走一走，在院子里干活，到树下面坐一坐，或者在晚上看看星空等都行。太阳好的时候，不妨出去晒晒太阳，补充维生素D——这可以提高一种叫"血清素"的激素含量，这种激素是一种天然的有助于稳定情绪的"快乐激素"。

1.Fiorito, E., Losito, B., Miles, M., Simons, R., Ulrich, R., Zelson, M., 'Stress recovery during exposure to natural and urban environments' (*Journal of Environmental Psychology*, Volume 11, Issue 3, September 1991)

有时候,你不妨从世界上消失一会儿,暂时"关机",好让自己重启。

他山之石 ➤

"他山之石，可以攻玉。"我有很多次，都从他人那里受到启迪。这个时代，能够借鉴他人经验的渠道太多了：各种成长类书籍、报纸杂志——像保罗·柯艾略（Paulo Coelho）的小说《牧羊少年奇幻之旅》（*The Alchemist*）就很不错，还有数量极多的博客一类的网络平台。此外，别小看励志电影所带来的效果。像我自己，就从威尔·史密斯（Will Smith）演的《当幸福来敲门》（*The Pursuit of Happyness*）中受到了相当大的鼓舞。

我曾有过一段特别迷惘的时期。当时我辞职了，想自己创业——卖励志T恤。为此，我投下了血本，可结果却让人大失所望。我本以为那些T恤用不了几天就会被抢购一空，毕竟我看了那么多商业营销类的图书，花了那么多时间研究时尚博客。我满心以为自己已经完全掌握了开公司的要领，

第二部分　积极的生活习惯

能够在时尚界里闯出一番新的天地呢。可惜，现实给了我一记响亮的耳光。

渐渐地，我开始了自我怀疑。我对自己选择的人生方向产生了动摇，雪上加霜的是，母亲看见我的窘境，来劝我重新找工作。毕竟，我的生活需要钱，家里也需要我的经济援助。种种压力，压得我喘不过气来。

人一旦开始怀疑自己，形势就容易急转直下，就容易陷入恶性循环。各种不顺心的事情会接踵而来，其效果极具破坏性。

我知道，我得想想办法了。于是，我去找了各种关于自我提升类的有声书，自助书籍，网上的视频、文章和博客等内容，甚至还在社交媒体上找了一些企业家朋友聊天。

渐渐地，我知道了别人遇到过什么样的困境，又是如何克服的，如何排除万难的……这些故事激励了我，我对自己的信心又逐渐恢复了。这些故事无一不在告诉我，失败只是一时的。但凡有点成就的人，谁没有遇到过挑战？谁没有过一两次的失败？只有在你放弃的时候，你的人生才会被定格在失败的那一刻。

不得不承认，我的T恤生意做得很失败。然而，正是这次失败给我带来了转变，那是让我获益匪浅的转变——从他人身上获得的激励能给我们提供新的动力，让我们对自己前进的方向产生新的信心，看到新的可能。

不说人坏话，不钻牛角尖

偏执，只是在电视里看着过瘾，生活中则不然。
有的人爱演独角戏，不要跑到他们的戏里凑热闹。

或多或少，每个人都说过别人的闲话，而且很多时候，我们其实意识不到自己正在做这样的事。更要命的是，很多人都喜欢说闲话，他们也不觉得这样做有什么问题，更不觉得自己对别人的评价是不是不公平的。人就是喜欢那种听到别人的劲爆消息的刺激感，还喜欢把听到的消息往外传——好看看别人的反应。但是，说人闲话会大大地降低你的振动频率！

细细分析，说人闲话通常出自虚荣心：对别人说三道四，能让我们自我感觉良好，觉得自己高人一等。这类闲话大部分都是道德批判，但其实很多道德批判都出自嫉恨，而

高频情绪练习

嫉恨正是一种很低的振动状态，只会给你的生活招来更多不愉快的经历。

前面说过，**任何思想、话语，都能产生能量与振动**。我们在说别人坏话的时候，也是在向世界传播负能量。因此，这会降低我们自己的振动频率，给我们招来不好的事情，会产生不愉快的情绪。阿育吠陀（一种古老的印度医疗体系）曾表明，说人坏话会影响我们的能量中心，即脉轮。这会进一步妨碍我们提升自身的振动状态。

现在不少媒体就靠传播别人的坏事来博取流量，挣钱，而且还总有人会相信。也正因如此，对别人评头论足，也就成了一件可以为社会所接受的事情。不过，大家心里也很清楚，要是自己成了这种花边新闻的主角，那就没那么好玩了。

所以我们要与这类闲话保持距离，甚至可以尝试转移话题，引导话题往积极的方向走。你会发现，往往那些最爱花时间说闲话的人，恰恰也是只知道抱怨的，明明很惨还要找借口安慰自己的人。如果你和他们同流合污，你也会逐渐变得像他们一样，活在幻想当中。

第二部分　积极的生活习惯

同样的道理，钻一些没必要的牛角尖，只能带来压力，制造焦虑。这样会使你情绪低落，并且你也知道，这些最终都会反映到生活中。何苦来哉？

我意识到，无论如何都不要钻牛角尖，因为这对我一点好处都没有。我曾经遇到一个性格偏激的人，他会抓着我的一个观点不放，不停地和我争辩。讽刺的是，我的论点恰恰是要避免争执，因为争执会打破我们内心的平静，而他则不同意这一观点。等我礼貌地告诉他，我尊重彼此的不同意见，不想再聊了的时候，他就生气了。其实，但凡我能感觉到他真的对我的观点感兴趣，我都会很乐意继续与他分享，并聆听他的观点。可惜，他想要的只是争吵，只是想证明我错了，只想把我给驳倒。

他的耳朵是闭着的，可嘴巴却是张着的：他对学习新事物不感兴趣，他只想说一不二。就因为我们的观点不同，他就激动得不得了。在他看来，我就是在散播错误的信息，我的这些观点只会为世人带来更多不幸。他因此愤怒，接下来就会对我进行人身攻击，尤其看到我无心应战的样子后，他更是起劲。而我能做的，只是静静地观察，直到能够脱身为止。

这个人，恐怕并不是真的很关心他人的幸福，也并不是真的急于挽救世人于水火。他咄咄逼人的行为与他所说的观点相矛盾。他想要的，不过是证明他自己就是对的，每个人都应该听他的。他的真理是：如果自己的权威受到挑战，就一定要反击。我的信念直接粉碎了他的这一条真理，威胁到了他的自我。

这都是虚荣心干的好事。你的虚荣心里有一个关于自我的形象，而这种形象是由你的思想产生的。这是你行走在社会中的记号，这个记号需要你去不断地巩固，因为它时刻都害怕失去自己的身份。当你因为别人不喜欢你而难过的时候，正是你的虚荣心在作祟：你把自己存在的价值，建立在了别人对你的认可上。别人不认可你，你也就随之不认可自己了。

虚荣心让我们始终渴望受到重视，受到喜爱。
它只渴望眼前的满足，只想要高人一等。

正是因为如此，我们会去买一堆本不需要的东西——就是为了让那些无关紧要的人夸赞、羡慕自己。正是因为如此，我们会嫉妒他人的成功，我们贪婪，我们总想踩着别人往上爬。虚荣心蒙蔽了我们的双眼，让我们无法在行事时带着爱与理解。

可惜，很多人都在一定程度上认同了虚荣心造就的某种自我形象，并在生活中不断地维护这个形象。一旦有人不认可这个形象，我们就会感到自尊受挫，形象受损，就会急于为这个形象辩护，像上面的那个例子一样。我的信念迫使那个人不得不质疑他的信念，甚至质疑他的身份，这让他感觉自己受到了威胁。这就是为什么他如此急于辩解和反击。

在生活中，这种虚荣心导致的现象比比皆是。这种时候，人们不再是出于好奇心而说话、提问，只会是为了反驳。他们只想别人听自己的，这不是因为他们关心对方，而是因为他们害怕那种发现自己错了之后，茫然无措、不知道自己是谁的感觉。偏激的人，正偏爱在这种"有毒"的环境"茁壮"成长。

我试着保持开放的心态，聆听他人的观点。不过，对于那些对我的观点不感兴趣的人，我也学会了不在他们身上浪费时间。你要时刻注意，不要不小心地被卷入了别人的内心旋涡中，成了牺牲品。

真理越辩越明。探讨和分享是好的，但前提是你的目的一定不能是建立在优越感和贬低他人之上，这样只会制造一种虚幻的自我满足感，并会降低你的情绪振动频率。比起说人坏话、钻牛角尖，你更应该把时间花在有意义的事情上。比如，尝试专注于怎样过好自己的生活。时间宝贵，你应该把它投入到更有建设性的事情中，这能让你的生活变得更美好。

摄入充足的营养和水 ▸

你消耗的东西也会反过来消耗你；
会消耗你的东西，也会控制你。

你吃的和喝的每一样东西都很重要，这些都会影响到你的振动状态。道理很简单：如果你不摄入有益的食物和水，你怎么可能感觉良好呢？

吃了会让我们犯困、犯懒的食物，就属于振动频率较低的食物。因此，吃这样的食物也会改变我们身体内的振动。这里包括很多的垃圾食品——不幸的是，那些垃圾食品被做得香甜美味，会吸引我们的味蕾。于是，有一些人会任由自己吃这些不好的东西，结果不光让我们的心情变糟糕，更会让我们身材变胖，使我们容易生病。

高频情绪练习

1949年,一位叫安德烈·西蒙尼顿(André Simoneton)的法国电磁专家,发表了他关于特定食品电磁波的研究发现。他发现,每种食物不仅有特定的卡路里(代指化学能量),还有一种振动的电磁能量。[1]

西蒙尼顿提出,人类需要维持振幅为6500埃的振动才能算健康(1埃为1厘米的亿分之一,该单位用于衡量电磁波的波长)。西蒙尼顿按照0—10000埃,把食品分为了四类。

第一类属于高频率振动的食品,包括新鲜水果、蔬菜、谷物、橄榄、杏仁、榛仁、葵花籽、黄豆和椰子等。

第二类是振动频率略低的食品,如煮熟的蔬菜、牛奶、黄油、鸡蛋、蜂蜜、熟鱼肉、花生油、甘蔗和红酒。

第三类食品的振动频率就更低了,其中包括煮熟的肉类、香肠、咖啡和茶、巧克力、果酱、各种加工过的芝士和白面包。

第四类食品的埃值低到可以忽略不计,其中包括人造奶油、腌制品、各种烈酒、精制白糖,以及精制面粉。

1.Simoneton, A., *Radiations des aliments, ondes humaines et santé* (Le Courrier du Livre, 1971)

第二部分 积极的生活习惯

西蒙尼顿的研究给我们提供了参考，让我们知道选哪些食品对我们的振动有好处，哪些食品应当避免食用。

另外，总的来说，符合自然规律的、高质量的有机农产品，肯定比非有机食品更能让你保持精力充沛。这类有机食品虽然价格高一些，但与吃不健康食品而导致的健康代价相比，总是更划算的。

我们还不能忘记水的重要性。据估算，人体大约60%—70%都是由水组成的，水对身体机能的正常发挥必不可少：喝水可以让人保持水分充足，能够帮助排毒，从而帮助你保持更好的振动状态。如果身体内的水分不足，你就可能会产生不良反应，你可能会难以集中精神，感觉头晕，甚至失去意识。

西蒙尼顿的研究发现，烈酒属于振动频率极低的食品，长期大量饮酒对身体十分有害，甚至可能会因为伤肝而导致死亡。醉酒还会使人的认知产生扭曲，可能会让你做出平常不会做的事情——做出一些有可能会破坏你自己生活的选择。酒精也许能带来一时欢愉，但是你必须要控制自己的饮酒量。

补充水分，首选还是新鲜洁净的清水。

学会感恩 ▷

当你想抱怨自己学校的时候,
别忘了有些人连受教育的机会都没有。
当你想抱怨自己变胖了的时候,
别忘了有些人连肚子都填不饱。
当你想抱怨工作的时候,别忘了有些人还身无分文。
当你想抱怨收拾屋子麻烦的时候,
别忘了有些人还没有片瓦遮头。
当你想抱怨不想洗碗的时候,
别忘了有些人连水都没有。
当你拿着智能手机,在社交媒体上抱怨上述这一切,
全然不知自己有多幸运的时候,不如感恩一分钟。

怀有一颗感恩的心,是一种最简单却最强大的习惯。学会每天历数自己的幸运之处,你将会发现身边一切事物中的

第二部分 积极的生活习惯

美好。很快,你将会不知不觉地开始看到事情的光明面,感受到更积极的生活。

人在感恩的时候,状态不可能不好。表达感恩听上去容易,但实际上很多人都做不到。人往往更容易专注于自己的负担,而不是自己所拥有的礼物;人们眼中盯着的总是自己没有的东西,而不是自己拥有的东西。

我曾经花时间研究过世界上最成功的一些人,有一句话让我印象很深:"伟大始于感恩。"当时我并没有想太多,可随着年龄渐长,我越来越能够品味出这句话的价值。我意识到,**人如果不懂感恩,就不可能感受到真正的幸福;学会感恩,是幸福快乐的一个重要组成部分。**

另外,表达感恩不仅能提高我们的振动频率,令我们更容易吸引到好的事情,更能帮助我们换一个正确的视角看问题。我们习惯于不断地拿自己与他人比较,可大部分人很少会意识到,我们其实拥有一些别人羡慕的东西。我们喜欢拿来和自己比较的人,往往是那些在我们看来更幸运的人,而不是那些不幸的人。想想每天有多少人不得不生活在战争的阴影之下,而我们生活得平平安安,我们没有遭遇战争,也没有遭遇很多从新闻里听到的坏事。

我们很容易只是口头上说"谢谢",内心却无动于衷。表达感恩的关键在于发自内心的感激。关于如何进入这种真实的感恩状态,我想拿我的客户威尔来举例说明。

听威尔说完他的那些烦恼之后,我让他和我说一说他自己有没有什么可感恩的事情。他说他什么都想不出来!

我知道他很喜欢自己的车,于是我问:"那你的车算吗?"

他回答:"算是吧,我是挺感激我的车的。"这种程度的感恩也算是个好的开端,不过还不足以真正改变我们的状态。

然后我又问威尔,如果他的车没了会怎么样。他坐在那里想了想,然后开始列举:"那样的话,我就没办法上班了,也没办法去超市买东西,不能出去见朋友……我也没办法接孩子放学了。"

我看到他一边列举一边在脑海中想象这些东西的时候,状态明显发生了改变。然后我进一步问道:"如果你没办法接孩子放学,那会怎样?"

他回答:"那他们就需要走着或者坐校车回家了。"

我追问道:"让他们走路回家会怎样?"

第二部分　积极的生活习惯

忽然，威尔想象着孩子们在大冷天中走路回家。他知道那样很不安全。他显然很不安。

过了一会儿，他回想起自己小时候在坐校车回家的途中被别的孩子欺负的情景。就是这时，他醒悟了。他深呼吸了一口气。我能清楚地看到当他再想到自己的车时，脸上的那种释然。他终于开始庆幸自己有一辆车，并且这辆车能让他照顾家人，让家人生活得更好。此时他的状态完全变了，他肢体语言的转变在我眼前一览无余。

练习感恩的时候，你可以想象一下，如果你的生活失去了你所感谢的那样东西后会变成怎样？这样的想象会产生强烈的情感。这就是你如何进入到那种强大的感恩状态中的方法。

你要记住，在你的世界里也许是有很多东西出了问题。然而，也有许多东西是没有问题的。

越是勤快地去数自己的幸福之处，
你需要数的幸福之处就越多。

再给大家讲一个小故事。我上班的时候，有一个经理跟我看不对眼，我们两个都会时不时地给对方制造一些麻烦。但是，毕竟他比我级别高，总是会压我一头。

有几个月的时间，我被他的所作所为影响了心情，更影响了我自己的上班状态。我对他报以敌意，在背后说他坏话，我讨厌去上班，我不断地把这些消极的想法和感受释放出来。于是，事情越来越糟糕——糟糕得不得了！

我也想与他保持距离，可惜他就坐我旁边，我躲不开。即使我躲开了，他也总会想办法招惹我。那时候的我，一点也不畏惧表达自己的感受，哪怕让别人听着只会觉得是我在嫉妒。我直截了当地告诉他，他根本没有领导才能。显然，这样只会让我们的关系雪上加霜。

直到我在网上看了精神导师埃斯特·希克斯（Esther Hicks）的几个视频以后，我才意识到我把自己的精力用错了地方。虽然我意识到了问题所在，但是我的做法只是在催化问题，而不是试图解决问题。我开始试着解决问题，局势很快有了改变。

首先，我主动表达出自己的感恩，感恩自己拥有一份待

第二部分　积极的生活习惯

遇不错的工作。我知道，找到一份工作本身就很不容易，更何况是待遇优厚的工作呢！我的工资能让我负担得起很多生活中的享受。我会经常有意地提醒自己这些事情，好让自己始终处于一种懂得感恩的状态中——这是一种高频率振动的状态。

几个月后，我的经理升职，去别的团队了。我也加了薪，工作上也多了很多自由。这个时期是我在这个职位上干得最愉快的一段时间。因为我决定让自己感觉良好，就受到了奖励，让自己的感觉更好了！

太多人习惯于把自己的精力投注在恐惧上。我不是在说你的问题不存在，而是你应当将精力集中在解决这些问题上。世界是慷慨的，任何一个领域都有很多选择；**限制我们的，只是恐惧所制造出来的幻觉。**

读懂自己的情绪 ➤

> 无视自己的消极情绪,
> 无异于在自己的身体里储存毒药。
> 试着去理解自己的感受。
> 不是为了强迫自己积极思考,
> 而是为了将消极的东西往健康些的方向转化,
> 好让自己的感觉好一点。

认知在很大程度上会影响我们的情绪,这对我们的感受至关重要。很多人之所以无法真正建立起积极思维,是因为他们忽略了思维转化的过程。我们以为把消极的想法抹掉,把感受忽略掉,直接跳到积极的想法里就好了。可惜往往事与愿违,因为你不过是在自我麻痹,对自己说一切都好,而你真正感受到的却不是这样。你压抑自身的感受只会在体内制造毒素,并最终造成伤害。

如果你的头脑深处埋藏着某个有害的想法，那么当你在将来遇到相似的情况时，这种想法就会跳出来。这样会降低你的振动频率，而且这种重复伤害本身还会伤害你的精神健康，并最终伤害你的生理健康。甚至，你还会成为你身边亲友的毒药，这会让你感到孤独，让你雪上加霜。

所以说，不要压抑自己的消极情绪。你要做的是转化它，提高自己的振动频率——不光是眼前这一次，而是未来所有类似的情况。一旦理解了自己的情绪，你将会一次又一次地将低频振动状态转化为高频振动。这也是为什么自省的能力对个人发展而言至关重要。

举个例子。我有一个客户叫莎拉，她遇到一个心仪的对象。两人在相互发信息、打电话，密切地联系了几天以后，对方忽然没声音了。她着急地守着电话，期待能收到他的信息，但他一直没有联系她。因此，她脑中萦绕着的想法只有一个："没人会对我感兴趣的，我太丑了。"这个想法让她很伤心。

莎拉需要将她的消极情绪转化成积极情绪。于是，在我的指导下，我们实现了这一点。

高频情绪练习

如何转化消极情绪

1. 识别：你想要改变情绪状态，就必须认识到自己此刻正在经历哪种情绪。在莎拉的例子中，她的感受是伤心和害怕。经过深入分析，我们还发现另外两种情绪——失落和不安全感。

2. 质疑：下一步就是问自己：你为什么会有这种感受？是哪些想法引发了这一切？

莎拉之所以感到伤心，是因为对方没有回她的短信。此时她脑中萦绕的想法是因为她不漂亮，所以别人都不想理她，没人对她感兴趣。这种想法让她感到孤独，没有安全感。

在这一阶段中，你在有意识地观察自己的思路。其实，我们内心有很多信念都来自夸大、误解，以及别人强加给我们的观念。于是，我们就可以对自己脑海中的这些有问题的想法和判断加以质疑。凭借一点逻辑思维，我们就可以理性地对自己的思维过程做出分析，并把消极的思维方式转化为积极的思维方式。

我们开始质疑那些想法背后的信念是否正确。例如，莎拉问自己：真的是因为我丑，所以没有人愿意花时间陪伴我吗？随着对这个问题的深入思考，莎拉渐渐明白了自己为什么会有这样的感受。到了这一步，你就可以多问问题，帮助自己深入发掘。你甚至可以问一些极端的问题，因为这样能够启发出一些极端的答案。在例子中，莎拉最终问自己：这是不是意味着，我就永远不会幸福了？

经过一番深思，莎拉最终意识到自己其实是杞人忧天了。一个男人没有回她的信息，并不意味着她就再也不可能幸福了。这也提醒了她，她的心情不应当过分取决于别人对待她的态度。

对自己提问，能够帮助你意识到自身思维的漏洞，就像莎拉的例子一样。你会意识到你的有些假设是错误的，你过分关注生活中的消极面了。

试试吧。想想自己有过什么伤心的事，然后问自己几个直截了当的问题，帮助你直达问题的核心。你要知道，我们之所以会伤心，往往是因为我们在潜意识里给这些事件下了某种消极的结论，并且当成经验、教训保存了起来。而现在，我们正要对这些消极的结论提出疑问。如果不能矫正这些消极的经验、教训，它们就会在你的潜意识里反复重放。假以时日，这样的重复将会使你不堪重负，陷入抑郁。

3.理解：这一步旨在弄清自己情绪低落的深刻含义。在我们的例子中，莎拉发现自己的不安全感来自最近发生的一些事情。这些事情让她开始担心自己不够好，而和那位中意对象有信息来往的几天里，她的自我感觉好了一点。很显然，她高度渴望社会的认可。

情感背后的这些含义都是重要信息，你必须去识别它，利用它，让它成为帮助自己成长的机会。莎拉之所以总把自身价值建立在他人的认可上，是因为她缺乏自信。只有当别人接受她、重视她的时候，她对自己的感觉才会更好。

4.替换：找到那些让你无助和沮丧的想法，你需要把它们换掉，要换成能给你带来力量的想法。你要问自己：我需要怎么想，怎么做，才能让自己感觉好一点，改善自己的生活呢？

那些具有破坏性的想法，必须要换成能立刻让你感觉好起来的想法。像莎拉，她就提醒自己：不管别人怎么对她，她本身都是一个值得被爱的人。她对自己说："我爱我自己这就够了。只要我能好好爱自己，终有一天，会有一个关心我的人用同样的方式来爱我。"

你还可以进一步为这种充满力量的想法添砖加瓦。回想一下，你上一次有这种感觉是什么时候？莎拉就回想起了一次美好的回忆，当时她感到自己充满价值，感到自信与被爱。她仔细地回想了当时的场景，好好地重温了当时的感受。

这种方法不仅能提升自信心，还能启发你找到某种解决问题的契机。你可能还会想起自己过去在这种情形下做了什么有用的事，帮助自己实现了目的。

5.想象：想象自己再次遇到同样的情形时，应当如何应对此时所感受到的情绪。这样做不仅能立刻提高你的振动频率，更能进一步帮助你建立一种与这种情绪之间的自动联想，这样你的大脑就学会了如何轻松处理类似的事情。

这样的练习可以反复进行，每次都给想象增添一点内容，让脑中的情境愈发清晰，愈发真实。熟能生巧。反复针对某种情绪进行模拟演练，下次再在生活中遇到类似情形，你就很清楚自己该怎么办了。

感受当下 ▶

每花一分钟去思考下一步该怎么办，
你珍贵的当下也同时流失了一分钟。
你要避免自己总是活在想象当中。

随着全球科技发展，我们的社会越来越依赖于电子设备，越来越忽视真实的环境。我们花在手机上的时间，远远多于用在现实对话中与人际关系上的。我们总是低头看着屏幕，总是沉浸于那些电子信息当中，却忘记了身边真实的环境。

现在的人似乎都愿意通过镜头来感知世界，而不是享受自己眼前看到的一切。哪怕身处音乐会之中，你看到的观众也是一张张在手机微光映照下的脸。我的意思并不是说我们就不应该捕捉这类珍贵时光的记忆。只是总活在手机屏幕中，并不利于我们活在当下。

每当我们的注意力从此时此刻中转移开来，我们都会变得更容易焦虑、恐惧，感到压力重重。生活中，我们会被各种担忧压得喘不过气，因为此时的我们已经习惯了心猿意马，没办法享受眼前。更重要的是，这样的我们常常会忽略自己身边的人。最终付出代价的，则是我们的人际关系。

正因如此，我们常常感到充满压力，感到与世界格格不入，感到迷惘。我们的振动频率之所以会低，是因为我们总是处于某种想象的情境当中，而这与我们身处的现实世界并不相符。我们忙于重现过去，忙于为未来担忧，总是在头脑中人为地制造种种障碍。我们的创造力都花在了这种没有建设性的思维上，这样只会为自己的生活平添混乱。

你真正拥有的时间，只有现在。过去一旦过去，就再也不存在了，哪怕你在脑中重现再多次，它也不会再来。未来还没有来，可你却早已一遍遍地在头脑中造访了无数次，你把明天当成了今天。可惜很多人都意识不到这一点。此时此刻就是世上最珍贵的东西，因为它转瞬即逝，再也追不回

第二部分　积极的生活习惯

来。即使你能把它记下来，在头脑中重温这一刻，可那些直接的接触，你是再也感受不到了。

想一想你上一次完全忘记看时间或看手机是什么时候。这种时候，估计你要么是和自己所爱的人在一起，要么就是正在做你爱做的事情。你全神贯注于当下，以至于根本没空去担忧什么过去或未来，只是纯粹地享受这一刻。这就是活在当下。

本书后续会有章节专门讨论规划未来对实现目标的重要性。然而，我们在这件事上花的时间却不宜太多。其实仔细想想，当下也不过是伪装成了当下的未来而已。此时此刻，也许你十年前就已经预想过了。你的现在，就是你过去的未来。

在我二十几岁的时候，如果知道周六晚上有外出的活动安排，我就会恨不得这周的每一天都能够快进，恨不得自己宝贵的时间都赶快消失——这些时间也确实一去不复返了。周六来了，又很快就过去了。我就会继续把目光放到计划下一个有精彩活动安排的日子上……有时候那是好几周之后才

科技只是工具，当不了生活的替代品。

第二部分　积极的生活习惯

有的事情呢!

生活也是如此。从出生的那一刻起，我们每一天都在向死亡迈进一步。此时此刻，正是我们一直期待着的未来。一旦到来，转瞬即逝，快得你都来不及反应，于是我们只好快速地将注意力转移到下一刻，再下一刻，如此循环往复。

这也是大部分人生活的状态。早上睁开眼，过完一天，然后回去睡觉。一年里，我们大约要这么周而复始365次。我们等待成功，等待爱，等待自己终有一天能快乐，却始终意识不到此时此刻我们拥有的是什么。最终我们会发现，原来自己从来没有好好生活过。或者，等到我们向往已久的财富终于到手之时，却发现自己根本没工夫去享受，因为眼前永远还有某个目标等着我们去实现。

我们把人生想象成了一个由种种未来组成的世界，却完全忽略了眼前正在发生的一切。

对于过去，也是同样的道理。每个人都可能会有某些珍爱的回忆，经常吸引你忍不住地重温一下那过去的时光。只是我们也必须接受这样的现实：过去的，就永远过去了，这一点没有人能够改变。你能重建和改变的，只是你脑中的记忆而已。

接下来，我会探讨一系列的冥想练习，帮助我们与当下建立联结。我们能够通过加强对当下的感知的方式，让自己保持在更高的振动频率上，从而避免让自己沉浸在过往的痛苦和对未来的恐惧之中。

冥想 ▶

近年来冥想越来越受欢迎了，对它的赞誉也来自四面八方：有来自专业康复师的，也有来自主流媒体的，各行各业都有人发现了冥想练习的好处。但是对初学者而言，冥想练习可能会让他们望而生畏，觉得既消耗时间，又难掌握。这也是我多年来一直避免使用它的原因。

像很多人一样，我早就有进行冥想练习的想法，但一直没有付诸行动。当我终于开始了，却又觉得不对劲，不清楚自己做对了没有，或者练习有没有效果。我练习起来总是三天打鱼，两天晒网，也不知道效果在哪里。不过，等到深入分析后我才发现，我其实一直没有领会冥想的真正含义。我把它想得太复杂了。

当我成功连续 30 天坚持专注地冥想以后，

高频情绪练习

我开始感觉到了不同。

那一年，我坚持每天冥想15分钟，我注意到自己身上出现了一些不可思议的变化。最明显的是我发现自己现在很少生气了——在过去，这是最困扰我的一点。过去一些很容易让我反应激烈的事情，现在再碰上，我却不再急躁，不再生气。

我还注意到自己一项新的本领——在混乱情境中保持冷静和清醒。我能够更加清醒地控制自己的思维。因此，我感受到愉悦的时刻多了不少。

我注意到了这些变化。

冥想能够清理掉那些被你的虚荣心制造出来的种种障碍，为你找回心灵的平静、清透，增强你的耐心。我在练习过程中发现自己经常会突然灵光一闪，就触摸到了头脑深处的智慧，很多困扰了我许久的问题就会迎刃而解。每当到了需要提高振动频率，让自己重新恢复状态的时候，我就知道冥想是不二之选。

我知道这听起来有点玄妙。很多人认为冥想的目的是要清除杂念，这其实是一种误解，实际上冥想的真正目的是集中注意力。冥想能够帮助你实现对当下的觉察——这会让你在生活的方方面面都受益匪浅。

冥想练习就是通过你全身的感官来沉浸于此时此刻。同时，你要平静地观察自己的思维、情绪以及身体感觉——超然地，不带任何评判地观察。

现在，我就带着你来进行一场短短的冥想放松练习。你只需要一支笔、几张纸以及一小段安静的时间。

一步步跟我练冥想

1.首先，根据直觉，评估一下你此刻的能量水平。如果将振动水平分为十级，一是"我感觉振动频率很低，什么都不想做"，十是"我感觉很好，很平静，很愉悦"，你觉得你此时处于哪一级？把脑子里跳出来的第一个数字写下来——别质疑它。

2.现在，我们可以开始冥想了。找一个能让你感觉到完全放松的地方，坐着也行，站着也可以，这一步我们要睁开

高频情绪练习

眼睛。不论你身处何方,都尽量去感受自己的身体。

你是坐着的吗?
你是站着的吗?
你的脊柱感觉如何?
你不必改变什么,只要有意识地去感受你的身体就好。

3.现在,去感受你的呼吸,只需要观察。深深地将空气吸入你的胸腔,然后呼出来。现在,当你每一次深吸一口气时,想象你自己的肺部尽量充盈,然后在呼气时,把体内所有陈旧的空气都排个精光。

感受你的腹部,随着每次呼吸,一上一下地移动。感受你的胸腔,随着每次呼吸,一上一下地移动。

4.现在,看看你自己的周围。好好观察一下你所见到的各种颜色和纹理图案,不去做任何评判,观察就好。环视周围的一切,然后慢慢闭上眼睛。

看看,此时出现在你脑海中的画面是什么?

让脑中的想法如流水般经过,不去干涉,不去评判任

第二部分 积极的生活习惯

何是非对错。一边观察脑中的种种景象,一边放松眼睑。同时,继续注意自己的呼吸:吸气,呼气;扩张,收缩。

5.听一听身边的声音。

声音都是从哪里来的?音调如何?有没有什么特别突出的声音?能分出哪些是背景,哪些是前景吗?现在,再去听你呼吸的声音。吸气,呼气。

6.试着去感受全身。有没有哪个部位特别紧张?此时还不需要去改变什么,只是去感受就好。

此时此刻,你有没有出现什么感觉或者情绪?它是在身体的哪个部位出现的?

观察,感受,聆听。先静止不动几分钟。等到准备好了,你就可以开始慢慢挪动你的手脚。

然后睁开眼睛。

7.练习到此结束。让我们再来看看你的能量水平吧。现在,你觉得你的振动水平到哪一级了?把这个数字写下来。

高频情绪练习

有没有比之前高一点？如果没有，可以把练习再做一次。通过这个短短的小练习来提高你的振动水平。

如果你发现自己很难记住上述步骤，也可以试着把它们用手机录下来，好用自己的声音一步步领着自己做。你读这些指导语时，语速要慢，吐字要清晰，要有适当的停顿。

冥想最忌复杂。佛教大师咏给·明就仁波切（Yongey Mingyur Rinpoche）曾说，冥想的时候，你只要去感受自己的呼吸就好[1]：只要是带着感知去呼吸，你就是在冥想了。就这么简单——因此，任何时间，任何地点，你都可以冥想。

任何事——哪怕是在洗洗涮涮，只要是带着有意识的感知，都可以是冥想。

每天这样练习15分钟，连续坚持30天。如果觉得15分钟有点难，那就从5分钟开始，逐步增加。

---

1. 'Learn meditation from this Buddhist monk'（MBS Fitness, YouTube, 2006）

第二部分　积极的生活习惯

呼吸在我们的生命中非常重要。真的，毕竟如果不呼吸，我们根本就活不了。随着第一口空气的吸入，我们的生命宣告开始；随着最后一口气的呼出，我们的生命宣告结束。这也是为什么有人说随着每一次呼吸，我们体内都在发生某种转化。每一次呼吸，我们体内都有某些东西死去，同时又有某些东西重生。

每一次呼吸，都是对我们生命力和活力的一次强化——我们给这种强化赋予了各种称呼，从各种传统的精神理论中衍生而来，有"玛那（mana）"，有"般纳（prana）"，有"气"，等等。随着每次呼吸，我们都在将生命的能量引入身体的每个细胞，令其产生新的振动，焕发新的生命力。通过有意识地充分呼吸，我们得以安抚自身的神经系统，提高振动频率。

冥想能够打破我们思维惯性的壁垒，帮助我们触及更加真实的世界。随着冥想练习的深入，你将会对自己过去头脑中反复出现的种种狭隘的思路产生新的认识。

Part Three

第三部分

将自己放在第一位

如果跟自己的关系都相处不好,
你又怎么指望自己能和别人相处得好呢?

导　言

面对一个总是会影响自己振动频率的人，
保持距离或是干脆离开，
并不是什么自私或软弱的行为。
生活在于平衡。我们要散播自己的善意，
也要防止别人将我们的善意消耗殆尽。

把自己放在第一位，你觉得是自私吗？在特定的情况下，只想着自己，不想着别人，确实是自私的。比如，一块馅饼被平均切成八份，并且房间里有八个饥肠辘辘的人，如果此时房间里有人拿了两块，那就是自私。

可是，把自己放在第一位，很多时候是必要的。没错，你是有很多的精力可以给别人，可你也要留一些给自己。我们来到这个世界的时候孑然一身，走的时候也是孤身一人。我们自己才是我们这一生所要相处时间最长的一个人。如果和自己都相处不好,你又怎么指望自己能和别人相处得好呢?

一个可悲的事实是,很多人虽然是一片好心,却总不自觉地给我们制造痛苦,而这些人对于自己的行为和言辞给我们造成的结果却浑然不觉。本来我们不应当让自己的情绪轻易被他人所左右,可惜的是,只有少数精神世界极度进化了的人真的能做到这点——这种人不论别人怎么做,都能始终如一,对别人付出无条件的爱。我们中绝大多数的人,距离这种精神境界都还远得很。

既然我们还没达到如此超然的境界,那么和那些"有毒"的人保持接触,就会非常消耗我们的精力,最终使我们感觉精疲力竭。

跟积极的人在一起,就更能看到生活美好的一面。

人的成长是一个漫长的过程,想要进化到能不为他人行为所影响的状态可能需要花很长时间。

所以，有时候你就要狠下心来，与那种老是伤害你的人一刀两断。这样的人是"有毒"的，他们会拖累你的脚步。说句不好听的，如果有人不停地给你"喂毒"，别说微笑着面对人生了，你怕是连最基本的生活能力都没有了。想象一下，如果你把一株植物种在有毒的环境里，别说开花结果，恐怕过不了多久它就枯萎了。反之你把它种在合适的环境里，它就会自然地茁壮成长，结出美丽的果实。任何生命，在它长得枝繁叶茂的时候，才是它有能力抵御侵害的时候。

所谓"有毒"的人，可能是那种不管你做什么事情，都看你不顺眼的，也可能是对你期待过高的，或是不懂得尊重你的，不懂得支持你……这样的人喜欢嘲笑你，他们会忽视你的需求，也许还有肢体暴力，或是喜欢控制你、贬低你。这样的人往往不愿意承认、面对自己做出的这些"有毒"的行为，更不愿意做出改变。

所以，你会发现和这类"有毒"的人在一起，你内心很容易失衡，还很容易不自觉地将自身从他们那里承受到的痛苦，再转嫁给其他人。于是问题出现了：在这种时候，到底是我们保护自己的想法自私呢？还是对方指望我们能不介意的想法自

第三部分　将自己放在第一位

私呢?

想要结束一段"有毒"的亲密关系,很多时候都是相当困难的。毕竟,在任何时候和亲近之人一刀两断,都是痛苦的,即使对方一直在伤害你。可一旦你摆脱了这样的人,你生命中那条正能量的河流,才能恢复流动,你才能有时间和空间去反思,去疗伤,去成长。这种时候,你就会像植物一样,能够变得茁壮而强大。

自我反省

我们当然希望那些人不再"有毒",可我们很少会反思自己。在我们所有的人际关系里,最重要的就是和自己之间的关系。我们没理由不去审视和摆脱自己做出的那些"有毒"的行为。因此,我们必须学会发现自己身上有没有什么"有毒"的倾向,有没有什么伤害别人、伤害自己的行为。

我们在自己心情不好的时候,往往会默认身边的人都过得挺好的。于是,我们习惯性地向别人发泄,把自己的情绪怪到别人头上,却意识不到别人也许此时也不好过。这样就把别人也拖下了水。换句话说,此时此刻不光是你在难受,别人也和你一起难受了。

你要知道,哪怕是那些自认为是在以身作则的榜样们也

第三部分　将自己放在第一位

经常会忘记反省自己的行为，这是我的亲身经历。爱看我的社交平台的人都知道，我经常会引用各种名言警句，也会写一些心得和忠告。不过你们可能不知道，很多时候我说过的话会被别的社交媒体网页拿去引用，只是会摇身一变，成了别人的励志金句。虽说自己的言辞和思想受到他人欣赏是一件荣幸的事情，但当看到自己的水印被抠掉了，自己的作品成了别人的作品，那滋味可就不那么美妙了。

最让我感到震惊的事情，是有那么几个受众相当巨大的，鼓吹积极心理的博主，至今仍然拒绝更正。我去联系他们，他们的人却说他们不想把那些页面撤换掉，因为这些页面影响很大，那样会让他们"掉粉"的。这些人里，有一些靠着我的金句挣了不少钱，却始终不把我的抗议当一回事。有一个人回复我说大家都在这么干，所以让我就这么算了吧。最有意思的一个回复是这么说的："就算了吧。你的名字在不在上面，根本不重要。你要是个积极的人，就不该老想着来找我了。"就是这样的言论使我意识到，哪怕是那些言辞凿凿，看起来充满正能量、充满爱的人，也有言行不一的时候。

我们要时常反思自己的行为，一旦发现那些"有毒"的行为——不管是对自己还是对他人，就要努力改掉。这不仅是自我提升的途径，更是一种自爱的表现。这样做，你表现出来的是对限制自己的行为的拒绝，也就是在说你应该得到更好的。

第三部分　将自己放在第一位

　　事实上也是，一旦这些人开口拒绝了，我确实也只能放手了。我得集中精力，继续工作。我想办法克服了自己的失望，我提醒自己，关键是我的积极信息被传达给了这个世界，这就够了。靠着这样的想法，我恢复了内心的平静。

　　上面提到的那类回复，暴露出这个世界里一个非常常见的现象——**我们往往特别擅长指出别人身上的问题，可那往往是为了逃避自身的责任。**

　　我们完全可以这样说：如果别人因为我们的行为受到了冒犯，那并不是我们的责任。毕竟，真正伤害他们的，是他们自己对我们的行为产生的认知和想法。

> *如果我觉得我是对的，*
> *而别人觉得我错了，*
> *那么，到底是谁对？*

　　即使你认为对方反应过度了，你也要试着去理解他们为什么会产生那样的感受，这往往意味着你伤害了他们某种深层的价值观。同时，只要别人告诉你，你伤害了他们的感情，你就必须认识到：不管他们有没有受伤，你都不能替他们做决定。

这是我从我的合作伙伴身上学到的东西。我这个人有时候开玩笑会过火，会不小心冒犯到别人。这种时候，如果她勇敢地向我坦白她在这方面的承受力有限，而我却不愿意承认自己的过失，反过来责怪她，使她因为坦率而承受代价，那才是最糟糕的事情。我们绝不能对别人说他们的感受毫无意义。任何时候，你都要试着去理解别人的感受；试着去理解为什么他们会有这样的感受，然后试着做点什么事情能让对方感觉好一点。

这在任何人际关系中都是关键。每个人都是不一样的，因此每个人的感受都值得被尊重。正视别人的痛苦，试着去理解，不仅能帮你了解对方，更能促进你自己的成长。人无完人，每个人都会犯错，但你要愿意去学，去成长，并保持对他人的尊重。

寻找"好伴侣",
与"有毒"的关系说再见 ➤

找到一个可以与你相互探讨自身问题的人,
而不是那种在社交媒体上的泛泛之交。
账号上的每日心情发布解决不了人际关系问题,
只有坦诚的对话才可以。

有时候,在亲密关系中,一方可能会出于自己的不安全感去攻击另一方。他们可能会为了掩盖他们自身的局限,获得某种优越感或某种权威,而想方设法地让对方自我感觉糟糕起来。这样的关系往往就很不健康了,就是"有毒"的。这样的人会让另一方产生自我怀疑,沮丧和失落。

比如,你感觉自己的鼻子太大了,同时你发现,你的伴侣对一个看起来比较漂亮的人挺好的,你很自然地就会注意到对方的鼻子，会不自觉地产生比较。一旦你认为对方鼻子比你好看，你的注意力会不由自主地集中在这一点上，内心立刻会涌出很多负面情绪，像嫉妒、自我怀疑、敌意等。于是，你的自我价值感、自信心，包括你的精力水平都会随之下降。

你的脑中还会冒出一些十分糟糕的念头。比如，你可能会觉得你的伴侣喜欢那个人，因为她的鼻子特别好看。于是，你就可能会把自己的痛苦发泄到伴侣身上，指责对方与别人打情骂俏，哪怕根本不是那么回事。明明是自己生出了不安全感，你却指责是对方不好，是对方不够爱你，不够尊重你。这属于一种情感操纵，在这种时候，我们没有对自己的情绪负责，而是将自己的情绪发泄到别人身上。

这种时候，你会千方百计地让你的伴侣也尝一尝你的痛苦。你会质疑对方的道德人品，指出对方身上的种种毛病，想方设法地让对方相信是其自身不好。相互间说着伤人的话，做出层出不穷的破坏性的行为，最终引发更多的不安全感，这样只会导致你们之间的冲突。你得弄清楚，这些行为到底是从哪里来的。是因为你自己的不安全感？还是因为你伴侣的行为"有毒"？不然，这只会导致你们痛苦。

第三部分 将自己放在第一位

可能，你的伴侣确实是在与别人打情骂俏。这种行为在有的情侣眼里看来是可以接受的，不过大部分时候都是不行的。虽说我们不能强求别人尊重自己，可是遇到了不尊重自己的人和事，我们至少可以选择抽身离开。

话虽如此，但这世上也有充满不安全感，却仍然健康的亲密关系。这样的关系需要相互间的尊重和支持，双方要坦诚地面对自身的局限和弱点，愿意与对方共同努力改善并且要给予对方足够的尊重，至少不能用对方的弱点来伤害对方。任何亲密关系都需要努力维护，需要不断沟通，需要很多理解，都是不容易的。

虽说有时候放弃不是最佳的选择，但有时候却是很必要的，尤其是当你发现自己找不到自我的时候。

> 有时候你要敢于与"有毒"的关系说再见，
> 好让自己能找个地方疗伤。

不健康的亲密关系会耗尽你的一切善意。对一个不愿意像你一样付出努力去改善和尝试的人，你的一切努力都可能是枉然的。你掏空自己爱的账户，不过是让他感觉富有一点，却把你自己给搞破产了。你的付出全部给了一个不尊重你，不愿意给予你相同回报的人。

不必成为专家，你应该也知道亲密关系是为了让彼此变好才对。好的关系不应该总是让你感觉到自己受到了某种限制，总是在被掏空。在亲密关系中，你如果感到被掏空了，就是不对的，尤其是当你这样做只是为了让对方感到满足的时候。

有时候，我们爱上的是你对某个人的想象，是他们一时的表现，或者是他们可能的样子。事实上，只要你回想一下自己过去认真交往过的某个伴侣，就能发现在某个时刻，你曾觉得他是世界上最好的人，接下来你又发现，似乎自己把他想得太好了。

没有人是完美的，所以也没有哪段亲密关系是完美的。只可惜，我们很容易掉进这样的陷阱：仅仅因为对方一时的表现，就高估了对方的潜力，觉得对方有可能会改变，会变成一个好的伴侣，从而不甘心放弃。然而，其实你内心深处是知道自己只是在自欺欺人的。和一个不愿意改变的人在一起，你很可能只会白费工夫。

第三部分　将自己放在第一位

一个不想改变的人，你是没办法改变他的。

还有一点也很重要，你得弄清楚对方表现出来的愿意改变是不是假装的。有些人会利用这种策略来给你"画饼"，留住你。当然，这种行为很自私，这是那种不愿意自我完善的人的典型行为。

我完全能理解，离开一个你爱的、"有毒"的人有多么痛苦。想要摆脱一段"有毒"的亲密关系，说起来容易，做起来难。这也是为什么很多人情愿原地踏步，继续承受种种负能量直到忍无可忍。只是，我还是想劝你，长痛不如短痛。

有时候，人们情愿留在一段不良的关系里将就着过，是因为他们觉得自己找不到更好的，或是觉得换一个新人又需要重新适应，这太难太累了。他们的本能在告诉他们自己，自己值得更好的人，而他们却没勇气付诸行动。

我来举个例子帮你辨别自己是否正处于"有毒"的亲密关系中。曾经有人找我咨询，让我帮忙分析他们的关系。他们与伴侣的相处出了问题，却不知道自己该不该离开。我向来不喜欢对别人的关系指手画脚，因为我没有身处其中，我看不到全局。通过别人的口述，我最多只能做出一些假设，最终还得他们自己来做选择。

于是，我把球踢回给他们，转而问对方这样一个问题：如果换成是自己的女儿身处同样境地，你会给出什么样的建议？这样一问，他们总会一静，然后深思起来。在这种时候，我往往已经知道他们内心的决定了——他们其实只是想通过我的口来告诉他们自己该怎么做，或是来劝服他们。他们只是害怕做决定，想要逃避而已。然而只要我问出这个问题，他们很快就会意识到，其实自己早就知道答案了。

作为父母，他们会有一种自然本能——想要保护自己的子女。哪怕你还没有孩子，你大概也能想象出来。你会天然地关心他们，不希望他们受伤害，不愿意让他们错过世间的美好。

> 我总是建议别人相信自己的直觉，
> 因为直觉是我们的灵魂给出的忠告。

当你发现自己没经过什么分析和思索，就生出了一种"知道"的感觉，这感觉就是直觉。

想到一个问题，而你的腹内会产生一种微妙的小感觉，这在我看来就是你的直觉。这是世上最妙的参考体系！

哪怕是你最具主导的思想，也未必是你的直觉在说话，因为那很可能来自你的恐惧或贪婪。直觉是平静的，能安抚你，让你保持理性。有时候，它会让你感觉仿佛体内有东西在催促你冷静、反思。这几乎是一种生理反应。

要记住，好的亲密关系，应当能提升你的人生价值，应当在大部分时候都能提高你的振动频率。而"有毒"的关系，则会伤害你的心理，乃至生理健康。

不要为了有个人陪在身边而和一个人在一起。到了该说再见的时候就要狠下心说再见。忍得住一时之痛，你会收获未来的光明。

谁是真朋友 ▶

一天晚上，我收到一封来自一位少女的信。在信中，她自我诊断为抑郁和自卑，说自己对人生感到悲观。她感觉不到自信，也很难维持积极的态度。越是告诉她要保持积极的态度，情况就越糟糕。

和她谈过话以后，我发现，这很显然是因为她的朋友们往她脑袋里塞了很多不良的想法，她们告诉她，她很丑，很笨，跟她在一起很丢人。这些所谓的朋友根本看不起她，于是这种态度也传染给了她自己。

如果有人不尊重你，或是批评你哪里不好，你很容易就会把他们的观点融入你的自我判断中去。实际上，我们脑海中有不少想法一开始并不是我们自己的。我们在年轻的时候往往会被告知，生活中有些路不该是我们走的。我们相信了这些话，长大后，这些来自别人的观点就成了我们的现实。

第三部分 将自己放在第一位

我们的整个人生，都会受到来自他人的评价，以及社会标准的塑造。

有时候，最简单的解决办法就是换一批朋友，尤其当你发现这些朋友不愿意改变的时候。那位少女，在放弃了原来的那些朋友，交了新朋友以后，她很快就对自己的人生自信多了。

> 精简一下自己的社交圈。
> 只保留那些能为你的人生增加价值的人。
> 不能的，就舍弃。
> 如果人少了，收获反而变多，那么，少一点更好。

随着社交网络平台的发展，"朋友"一词的含义也变了——朋友不再只是你熟悉的人。虚拟的朋友关系影响了社会对朋友的定义。在现在，随便什么人都叫朋友，哪怕你们只是一面之交。

这些人里，到底有多少人是你的真朋友？遇到困难了，你能去找他们求助吗？可惜，很多现代的所谓的友谊并不是建立在情感支持，或是亲情联系上的。相反，很多关系是建立在一起喝酒、抽烟、狂欢、购物或是聊八卦上的——这里面有不少是会降低你的振动频率的活动。

在这类朋友关系中,有不少是建立在短期的共同利益上。比如,有些朋友只在你需要人陪着出席某些公共场合时才会出现,例如你需要一个同伴去参加狂欢派对的时候。你可能觉得,那个经常陪你一起去健身房的人是朋友,可当你需要人帮忙搬家了,他们能帮得上忙吗?愿意帮忙吗?这类朋友,不是说不好,毕竟他们有某种用处,可一旦你需要帮忙了,他们马上就跑了。这样的人是靠不住的。

我们的人际圈里,肤浅的关系比有意义的关系多。想一想你的朋友们有没有在为你提供支持。你成功了,他们会为你鼓掌吗?他们会鼓励你去做一些积极的事情吗?他们会帮助你成长吗?如果这些问题,你的答案都不太确定,那么很可能你的人际交往就没有你想象中那么健康。

如果你发现,你的人际圈里出现了针对你的嫉妒和敌意,那么你选择打交道的人就是不对的。真朋友只会为你好。你成功,他们只会为你高兴。他们不仅不会因为你变好了而泛酸；他们还会督促你变得更好，监督你自己不要飘！

有的朋友愿意看到你变好一点，可太好了又受不了。
这种平庸的朋友，同样不要也罢。
因为这样的人，也会为我们的人生注入负能量。

每个人成长与成熟的速度各不相同。有的人成长得慢是因为他们选择了原地踏步。这样的人你见得也不少吧，他们往往喜欢重复同样的错误，总是和同样的人混在一起，做同样的事，然后不断抱怨着同样的问题。这样的人是抗拒改变的，他们不敢踏出自己的舒适区，不敢去寻求一个更好的人生。哪怕是不满意的人生，他们也习惯安于现状了。

这样的人，有可能是你自己，也可能是你的某个好友。也许，你终于攒够了动力，鼓足了勇气要去追求更好的，可你的朋友却未必能理解。而这种不一致的步调，就可能会造成你们之间的裂痕。比如说，也许你想要追求精神上的成长，而你挂在嘴边的一些词，对你的朋友而言，则可能相当陌生——甚至是让他们害怕。

其实，每个朋友在你的生命中，都能教会你某种重要的事情，他们各自都扮演着某个角色。有些角色相对短暂，而有些则持续终生。朋友跟不上你的速度，你把他甩掉了，独自前行也没关系。这是你自己的人生，你始终应当是第一位的，你应当专注于自己的拓展和成长。只有当你真正感到愉悦、充实、充满爱的时候，你才能为他人，为这个世界做出奉献。如果你身边的人选择的方向与你不尽相同，没关系的。如果他们注定属于你的世界，你们迟早还会重新会合，终将会殊途同归。

面对家人 ▷

> 人要成长，可能要抛弃很多东西。
> 不再合身的衣服，
> 不再合适的爱好，工作，朋友，甚至是家人。
> 我们经过了成长和超越，
> 某个人、某件事如果对我们的幸福快乐不再有好处，
> 我们都不妨将其舍弃。

家庭成员未必一定只会为你好。很多人从小被教导说家人是最重要的。可是血脉相连并不等于你们之间必然能形成支持性的、亲密的关系。有时候，也许某个朋友反而会比你的家人更像家人。我们要承认一个不幸的现实：有的时候，对我们的人生毒害最大的人，恰恰是我们自己的家人。

要结束这种关系，恐怕是最让人心力交瘁的。毕竟你

要承认，这些人往往对我们的意义最深，哪怕他们一直是打压我们的，让我们失望的那个人。比如，自己的父母为自己付出很多，想要和他们断绝来往，你可能就会觉得良心上过不去。

有时候，事情倒也不用做得这么绝。你只需要好好和他们沟通一下，把自己的感受告诉他们。很多时候你会惊讶地发现，他们对自己言行的伤人之处是一无所知的。

一旦他们发现原来自己正在伤害你，
他们也许立刻就会改。

我们还可以试着去理解他们为什么会这么做。大部分时候，我们的亲人确实是真心想为我们好，只是有时候，他们可能会被误导，或者自身认知有局限，导致最终做出来的效果很消极。

我有个朋友想搞一下网上创业，摩拳擦掌地想要去试一试，可是当他向父母征求意见时，父母的反应却让他大失所望。他们嘲笑他异想天开，并苦口婆心地劝他别妄想了，老老实实读书考大学就好，做这种生意不会挣钱……

第三部分　将自己放在第一位

原本对自己创意信心满满的他,被他们的怀疑打击得垂头丧气。这种事也不是第一次了。他觉得父母老是这样打击自己的激情,让他觉得父母对他一点信心都没有。和父母断绝来往是不可能的,毕竟他爱自己的父母,更何况他们还住在一起呢。只是,有时候他觉得父母好像一点都不爱自己!

我的朋友没有想明白的是,虽然他的父母不支持他,但这也不能太怪他们。父母对于生活中哪些事情靠谱,哪些事情不靠谱,对于成功的定义,都和他自己的不一样。他们头脑中的信念是由他们自己过往的生活经验和社会环境塑造出来的。因此,他们对生活的期待都和我们不同。

批评不等于不爱,想要弄清楚这之间的区别,你就得明白一点:**每个人的视角——包括你自己——都是有限的,都是主观的**。每个人都在不断地从四面八方收集信息,而我们学到的每件事,都会影响我们的信念以及思维方式——这一切都取决于我们收集到的信息。

如果你家里没有人是不上大学且靠网上创业成功谋生的,那么这件事对他们来说就是个完全陌生的东西,他们会本能地抗拒。人总是会害怕自己不懂的东西。所以,你可以

高频情绪练习

试着去了解一下亲人的成长经历，想想他们担忧和怀疑的根源在哪里。

大部分人都会对自己赖以谋生的手段深信不疑。你指望光凭你自己对世界的视角，就能立刻让他们放弃自己的信念，这不太可能。如果你发现他们是被自己的信念限制住了，你可以试着打开他们的视野，让他们看到更多的可能，但不要想着把自己的信念强加给别人。

想获得他们的支持，你得努力去赢得他们的信任，这是你们双方都要付出的努力。试试开诚布公地和他们沟通，把你的感受告诉他们。最好是在你的事业蓝图里，把他们也考虑进来：尽可能多给他们提供信息，解释你的设想。让他们明白，你也想好了创业失败后的对策，这样他们才能安心。尽量降低他们的畏惧心理，他们才能更有信心，只有信心增强了，他们才能好好地支持你。

我的朋友把自己的设想原原本本地展示给他的父母看，他找了很多成功案例，甚至还找了些他父母会服气的榜样人物作为证据来说明他的观点。在他的努力下，父母的态度不知不觉地发生了变化。

第三部分　将自己放在第一位

如果你发现自己也处于类似这样的情境，面对质疑你的人，你要让他们明白，你选择了这条路，你就会努力，会想方设法地让它成功。

> 如果你自己都没办法证明自己的选择是认真的，
> 又如何指望别人能认真对待呢？

不要小看以身作则。如果你身边的人对你态度冷淡是因为他们自己的思维局限，那么你完全可以自己行动起来。你需要保持心胸开阔，尽量试着去温暖他们。让他们见识一下你在受到不公平对待的情况下还能保持初心。这样的信念和决心才会逐渐地、温柔地让他们的内心产生触动。最终他们会惊喜地意识到，原来孩子已经长大了，变得这么懂事，甚至比自己还出息，他们应该向你学习了！

有时候，面对质疑自己的人时，哪怕仅仅是视角上的一点变化，都可能会产生积极的效果，把注意力集中在他们的积极面上，这样我们给彼此的感觉都能好很多。尤其当你与这些习惯于批评打击你的人住在一个屋檐下时，这种做法尤其有用。虽然不能立刻解决所有问题，但只要能看到对方的好处，从心理上建立一个缓冲区，等待转机出现，这样你之前为此所做的缓冲铺垫就能成为疗愈的催化剂。

你要牢记一点：**人是无法改变别人的，除非他们自己想改。改变是不能硬来的一件事，你能做的只是去影响他们，感染他们。**而他们能终于下定决心改变，必然要有动力——比如这样能改善生活，或是更能改善与你之间的关系。但凡他们意识不到自己的做法有问题，就肯定没有动力去改变。

有时候，有的家庭成员做法还会很极端，对你实施肉体或精神上的伤害。在这个世界上，任何人都没有义务承受来自别人的拳脚或言语伤害，不管这个人和你是什么关系。而拒绝承认现实，假装那些伤害性行为没关系，这本身就有伤害性。对一个反复伤害你的人，该断就断，无须犹疑。

帮助他人

前面说的都是关于如何在需要的时候，和情绪更好，振动更强的人在一起，这样能解决很多问题。不过有时候，对对方而言，很自然地就会有副作用。也许他们会发现去帮助一个情绪低落的人，自己有时候就很难保持情绪稳定了。面对一个急需靠别人来改善情绪的人，有时候自己会被拖下水。

当你的朋友向你抱怨自己遇到麻烦事时，你可能也会有这种体验。你会发现自己全身突然被悲伤笼罩，那种感觉很要命。我是从大学一个室友身上得到这个教训的。当时这个室友和女朋友分手了，伤心欲绝。一天晚上我们几个朋友一起出去玩，他因为分手的事，没有心情，便独自一人早早地回了公寓。刚分手的前女友从他发的信息里看出一些不妙的迹象，感觉他似乎会想不开，担心极了，就告诉了我们几个人，让我们去看着点。

等到我和几个朋友回到公寓，发现他的房门锁住了，里面的音乐声开得很响。我们敲半天门他也不应。于是我们慌了，打电话找来了房东，要了备用钥匙打开了他的房门。

进去以后，我们发现他缩成一团躺在床上，泪流满面。走近一看，手腕上似乎有割伤的痕迹。那一刻我们意识到，他已经绝望到了想要轻生的地步。好在我们及时闯进来打断了一切，并成功地安抚住了他。

接下来的几天，我们这间公寓里弥漫着一种怪怪的气氛。每个人都受到了惊吓。那位轻生的室友不怎么提起这件事，却愿意和我待在一起。我尽量晚上陪着他，尽量给他一些精神支持，温和地劝导他，试着让他好起来。

不过没多久，我发现我自己也有点不太对了；我开始变得情绪低落。我意识到，尽管我很想多帮帮他，可我也要先顾着我自己。我觉得自己被掏空了。如果自己的杯子都空了，我又拿什么倒给别人？

我开始试着与他保持距离，尽量减少与他接触。我的内心很挣扎，暗暗地怪自己没能为对方做更多；我总觉得自己应该多帮帮他，无私地接纳他。但是，我已经受不了了，我很清楚除非我自己感觉好了，否则我就没办法真正帮到他。要是自己都难过，还振振有词地安慰对方，那我得有多虚伪。

看上去，他的状态还行，这让我感觉稍微好过一点了。最终，我总算把自己的振动频率调整上去了，这下才总算能给他提供更有效的帮助了。

这是很多年以前的事了。在那以后，很多事都不一样了。有一点就是，我如今对很多事情都有了更深刻的感触和理解。我有幸得到了成千上万人的信任，他们会向我倾诉自己遇到的问题，这得益于我所学到的。如今哪怕对方振动频率极低，我也能很好地保持自己的能量稳定。当然也有例外。我还是得小心，保护自己不受那些想要过分透支我能量，甚至利用我的好心的人的影响。

我很清楚，如果我自己的情绪状态本身不佳，
那么越是想去帮助一个情绪低落的人，
就越是会对自己的情绪造成严重的负担。

想帮别人改善振动状态,

你得先确保自己的振动频率不被拉下去。

保护好自己的能量是前提。

如果碰上没完没了抱怨自己生活有诸多不顺的人，你会发现自己的感觉也不好了，继续下去，你会发现自己的精力会很快被耗尽。有时候，人确实会需要借一双聆听的耳朵，可如果结果只是导致世界上又多了一个不快乐的人，那可就对谁都没好处了。

这种时候，最明智的做法就是想方设法地提高自己的振动频率，改变自己的状态。只有这样，你才能积攒足够的精力来帮助他人。

应对消极的人 ➤

不是每个人都能懂你，接受你，
甚至是愿意去理解你。
有的人，就是和你的振动频率对接不良。
没关系，接受这个现实，
并继续去寻找自己的幸福就好。

这个世界上，任何一个人，无论他脾气多好，多受欢迎，口碑多好，都会有不喜欢他的人。想要完全不被人讨厌，只有一天到晚待在家里，不出现在任何人眼前，不和任何人说话，乃至没人知道你的存在。但凡你有一点存在感，必定会有人看你不顺眼。

我就时常会收到负面的评价，哪怕是做了好事的时候也一样。这种"网络喷子"现象本身就很普遍，因为网上可以

第三部分　将自己放在第一位

隐藏身份，在网上，你可以随意发表刻薄言论，说些平日里不会说的话——因为这时候，你无须为自己言论带来的后果负责。

我还记得自己第一次被嘲笑的情景。那时候我才5岁。当时是在学校里，老师要求我们说说自己的父母。班里的同学，个个都把自己的父母讲了一遍。

轮到我的时候，我只讲了母亲，没讲父亲。这让别的孩子们感到奇怪，于是纷纷问我，我父亲去哪里了。我压根不知道该怎么回答，好在老师及时打断了我们。老实说，我当时根本不知道孩子该有一对父母。我向来习惯了身边只有母亲，从来没觉得有什么不对。

到了课间休息的时候，班里有孩子开始嘲笑我了。他们开始说这样的话："这家伙连爸爸都没有啊。""他爸爸应该是死了吧。""他妈就是他爸。"

我越听越气，忍不住大打出手，这就闯祸了，哪怕我对老师解释说是他们招惹我在先，也于事无补。

高频情绪练习

　　这样的体验,是学校环境所特有的。人的年纪越小,对他人就越缺乏理解和同情,就越容易产生冲突和敌意。对于和自己不同的人,我们很容易给对方贴上"异类"的标签,并且横加嘲笑。接触的人越多,受到这类"审判"的概率就越大。这是因为如今我们面对的是一大群人,而每个人,都有自己对于"正常"标准的理解。

　　想想那些名人,也是如此。名人也都是人,可就因为他们面对更庞大的人群,他们就得接收大量的批评。我们总是口口声声要宽以待人,却似乎总把名人排除在外,好像名人就不是人了似的。

　　提醒自己,来自他人的批评是不可避免的。只要在人前出现,只要和世界频繁接触,我们就难免要面对来自他人的恶意,这样的恶意,往往来自本身振动频率就低的人。

　　想要和这类人保持距离,有时候很难,毕竟总有些避无可避的时候。

　　这里给你一条格言,也许能帮你在听到难听话时保持心平气和。你会发现,其实对付这样的人,最好的武器,就是你的沉默和自得其乐。

"没有我的批准,没有人可以伤害我。"
——莫罕达玛·甘地(Mahatma Gandhi)

"我不好过,你也别想好"

很不幸的是,那些振动频率低的人,往往喜欢把别人也拖下水。有时候,就因为受不了你得到的种种好处,他们会专盯着你的毛病来说。看见你得到爱与关注,他们多数会不舒服,还可能会想办法搞破坏,而一旦发现自己再怎么搞破坏,该爱你的人照样爱你,他们内心的嫉恨便会进一步升级。

网上满是看热闹不嫌事大的人,别人越是受嘲笑,他们越是落井下石,他们越是看得乐呵。人们总是容易先把人往坏里想,喜欢幸灾乐祸。别人犯了错,或是栽了跟头,往往会迅速成为大家谈论的话题,人们似乎对他人的不幸特别感兴趣。

高频情绪练习

不愿进步的人

你弄出点动静来,就会有人想让你噤声;你焕发一点光彩,就会有人想让你暗下去。道理很简单:一旦引人注目,你就会招致别人的嫉恨。

"喷子"们看到他人信心满满追求进步的时候,往往只感受到威胁、嫉妒或是受伤。也许他们是担心我们的成功会侵犯他们的利益,又或许是担心自己会失去原有的地位。也有可能是他们不喜欢看到我们信心满满,受人爱戴的样子,因为他们自己很渴望得到赞美。又或许是我们那种坦荡的信心刺激了他,因为他们自己的认知有限,总觉得自己无力去改变什么。

于是,他们总想来打压我们的意志和动力,好让他们好过一点。贬低我们能让他自己感觉高大一点。这样的人是存在的,而且在我们通往美好生活的道路上,也是必然会出现的。我们不能不正视他们的存在,但是,千万不要对他们做出任何反应。任何反应都意味着他们的做法起了效果,我们难受了,他们就好过了。

冤冤相报何时了

人对待外界的方式，反映的正是他自己的内心世界。当别人说你不好的时候，恰恰是因为他们自己内心觉得自己不好。理解了这一点，就能帮助你更好地处理这类情况。

比如，悲伤会让人表现得刻薄而无情。内心的痛苦会把我们带入低频的振动中去，从而产生多米诺骨牌效应，因为很多时候，人们心情不好，往往是因为受了另一个心情不好的人的影响，而新近受伤的人，又接着去影响别人，没完没了。

只可惜，想通过甩锅的方式来疗伤是没用的。印度灵性大师奥修（Osho）曾经把这种行为比喻为撞墙。他认为通过伤害他人来使自己从痛苦中解脱，无异于一个生气的人通过破坏墙壁来发泄怒火。墙是无辜的，因为问题不在墙上——在他们自己身上。最终，他们只会更加受伤。

高频情绪练习

物以类聚

人往往会对和自己有相似之处的人产生莫名的好感，神经语言规划（NLP）技巧中的"镜像法"可以证明这一点，模仿别人的举动，会提高别人对你的好感。

因此，如果你是个活泼开朗、精力充沛的人，碰上另一个和你差不多的人，你可能就会觉得这个人不错。如果他们的说话方式、身体语言和语调什么的和你有相似的地方，你可能就会想："嘿，有意思，我怎么觉得这人还不错呢。"其实那就是因为，他们和你很像。

很容易想象，这一点反过来也同样成立：对于和自己不一样的人，往往很难亲近起来。和你不一样的人往往会觉得你有点怪怪的，或是有点"格格不入"。最终，他们要么理解不了你，要么压根不想去理解你，就因为你俩的能量场对不上。

善有善报，恶有恶报

你肯定也听说过"报应"这个词吧。很多人不喜欢这个词，因为这是个神学概念（佛教和印度教，乃至其他一些宗教中都有），会涉及转生来世。它说的是，你这一世的行为，会反映在下一世中——这辈子做的好事越多，下辈子就会活得越好。

不论你信不信来世，大部分人都相信"自食其果"。在科学领域，这被称为"因果效应"。或是用牛顿第三定律来说，叫"任何力都会受到力度相等、方向相反的作用力"。但凡你去看任何宗教教义，大部分都会提到类似的思想：善有善报，恶有恶报。

但是当我们受到他人的不公正对待的时候，我们很少能想起这一点来，我们很少会想着：他们迟早要遭报应的，我做好我自己就行了。相反，我们往往会陷入情绪冲动，而把理性搁置一旁。

假如，有人到处向人说你很暴力，而你明明不是，你可能会生气。如果他们一直这么干，你的愤怒就会升级。最终会有一天，你可能再也受不了这样的无理的指控，出手教训了对方。于是，哪怕这谣言不是真的，你的举动却让它看着像真的了。

上文中我们提到过低频振动下的行为，比如愤怒只会给我们带来更多伤害，这就包括了这类行为所造成的报应。所以，哪怕他人无情，你也不要为此葬送自己的未来。

孤单寂寞的人，喜欢寻求关注

自己的生活无趣时，你就会去盯着别人。你可能会通过嫉恨别人、挑逗别人等行为，寻求刺激和关注。这也是表情包在网络上如此流行的原因。这些人挖空心思嘲弄别人，只为了博人一笑，得到点赞、评论、转发和满足感。这些都能让他们获得短暂的愉悦，仿佛自己做了什么有价值的事情。这引出了我最后想说的一点……

别人怎么说你，反映出的不是你，而是他们自己

别人对你评头论足的时候，暴露更多的是他们自己的内心。这种时候，他们的不安全感、需求、理念、态度、过往和局限统统暴露出来。他们的将来，此时也会一目了然——他们既然这么喜欢把宝贵的时间浪费在说三道四上，自然就不可能走得多远，过得多好。

不必讨好每个人

> 如果你总想让别人满意,
> 那不管你怎么拼命都跟不上别人的要求。
> 最终,不管是别人还是你自己,都不会满意。

希望我说到这里的时候你已经明白了。我们做的很多事情,都是为了得到别人的接纳和认可。然而,但凡你想真正过得好,想获得内心的安宁,你就得学会自私一点。你不可能讨好每个人。因此,改掉那个总想去讨好别人的坏习惯,开始学会讨好你自己!

我自己就是一个喜欢帮人解决问题的人。我发现想让自己不去管别人开不开心,其实相当困难。过去,我每个星期都会收到几百封邮件,里面有各式各样的人在向我倾诉他们的问题,想要寻求帮助。自然而然地,我会忍不住想去帮助他们。

有些人的信写得很长（超过两千字），而我又不喜欢敷衍了事，都会认真地回复。可是，我读完、回复完这么长的一封邮件，需要很多时间。

我想把所有邮件都回复了，那几乎是不可能的，有人就会因此生气，觉得我不关心他们。这让我感觉糟糕透顶，于是开始惩罚自己——明明有更紧急的任务要做，我却把大量的时间花在了在回复这些邮件上。

很快，我就受不了了。我意识到，我不可能让每个人都满意的，所以，我连试都不应该试，也不应该因此而责怪自己。我应该把自己的需求放在第一位。于是，我也这么做了。

我相信你可以在某种程度上理解我在一个动辄对人评头论足的社区中长大的经历。小时候，我会被身边的人期望长大后从事某些职业，这些职业总是会被说得更高尚一些。比如，我如果当上了医生，那别人就会觉得我又聪明又有钱，医者仁心……

但是，哪怕我成了医生，身边的那些人也不会停止对我的指指点点。比方说，要是我忙于工作，到了30岁还单身，就会有人说我这人可能是身体的哪部分有毛病。要是我没买房子，他们就会想我肯定把钱都挥霍了。要是我当了医生，除了孩子，什么都有了，也会有人说我是不是身体不太好……大的环境就是这样，总有一些人永远在盯着别人的毛病。

有时候，有人会指责我高傲，或是说我固执，就因为我不考虑别人的观点。这种结论，体现出来的恰恰是这些喜欢对别人指手画脚的人的不足。

建设性的观点，对我们的成长是很有帮助的。但那些打击我们人的提出破坏性的观点可没有一点好处。那些伪装成"意见"的批评和谩骂，并不值得我们去加以重视。

用你的好振动保护自己 ➤

有些负能量的人对正能量过敏。
所以,你不妨再正能量一点,让那种人离你远远的。

当我决心要过上更加积极、正能量的生活以后,我放弃了过去很多不健康的习惯,尽可能地积极向上一点。很快我发现,身边有些人不喜欢我的这种转变。他们更愿意看到我过去的样子——冲动、怨天尤人、对别人指手画脚。

有时候,我的态度对他们而言仿佛过分正能量了,他们会说我"假",而我也能理解他们为什么会这么说:我从过去那个怨天怨地的性格,变成了如今遇到事情,总是会尽量发掘事情积极面的状态。从情绪层面上,我已经跳出了他们那个振动频率的范围。根据振动法则,两个人之间的情绪差距越大,相互之间的感觉就越不真实。这样的差距也会使双方相处起来不舒服，因为你们无法共振。很多时候，这恰恰是一个信号，提醒你该与哪些人保持一点距离了。

很显然，我那积极向上的新表现，让某些人感到不舒服了。当别人对我粗鲁的时候，我却变得宽容。他们向我出了拳，却发现打在了空气里，这种得不到反馈的感觉让他们浑身不舒服。这是好事，因为这意味着这些人的振动频率远在我之下，也毫无提升的意愿。他们对自己的怨天尤人甘之如饴。在这样不匹配的能量场面前，他们往往会自动退缩。于是，用不着我去和他们拉开距离，他们自己就会躲我躲得远远的。

鼓起勇气，辞掉"有毒"的工作

你信不信？

你活着可不是为了在一份你讨厌的工作上干一辈子。

要是你知道这里有一条臭名昭著的、经常会发生命案的巷子，你肯定会选择绕道走。不管心情好不好，你也不会选择一条明知有可能会遇到危险的路去走。

换个没那么极端的例子：假如有人邀你参加一个生日宴会，而你知道有个爱当面挑衅你的人也会去，你很可能就不去了，因为你知道去了准没好事，搞不好要出洋相。

不过，也有些"有毒"的环境是没那么容易能避开的。最常见的，就是工作场合。你的单位里有些让你感到苦不堪言的人，可你总不能为此就待在家里吧。

高频情绪练习

我就有过这种经历,就是我前文里提到过的办公室里新来的经理。现在回首这一段经历,我不再把责任全怪在他的头上。毕竟,他也有自己的生活,也承受着自己所要面对的压力。而我呢,因为不喜欢当时的工作,并没有全情投入工作之中,自然也算不上什么优秀员工。

尽管对于这么一份体面的工作,我是心存感激的,但种种迹象都表明我该辞掉这份工作,去做我真正想做的事情。我知道自己真心想做的是什么——我想要传播正能量,想要帮助别人改善生活。于是那一天,我终于鼓起勇气,做出了一个重大决定——辞职,我一头扎入未知的世界。

这是一次巨大的冒险。那个时候辞职,我的经济风险相当大,因为我还没存下多少钱。对我这种做法,有人可能会说我是勇敢,而有人可能会评价我为天真。但对我自己而言,辞职后的每一个早晨,我都是在感恩的心情中睁开眼睛的。哪怕是承受着一些经济压力,我的内心也是平静的、无价的。很快,我就着手实现自己的梦想,开始写我的生活博客,写一些分享自我成长心得的文章。

我从来没有后悔过自己的决定,我很感激在重新开始之前所遇到的种种困难。比如,我后来帮助自己和他人改善生

第三部分　将自己放在第一位

活的智慧与决心，恰恰就来自做着一份不适合自己的工作时所受到的那些伤害。其实，这种被困在一份不良工作中的现象十分常见，而这样的情况很容易会让我们陷入一种不健康的心态中，并在很大程度上影响我们的幸福。

舍弃一份毫无价值感的工作是很需要勇气的，因为很多时候，我们的经济负担并不允许我们说走就走。谁都想要安全感，想要舒适地生活，面对未知，更是让人心生恐惧。但你要知道，面前这份工作，同样也未必真的能给你多少安全感；毕竟，即使你身在其位，不由你控制的东西（工资多少，加薪与否，升职机会……）却太多了。

一旦你认定，这是一个"有毒"的环境，而你不愿意再受它所困，就勇敢地踏出那一步吧。这个决定无须仓促，却也需要当机立断，因为在"有毒"的环境里待得越久，你的人生就会付出越多代价。

Part
Four

第四部分
接受自己

你的人生,不应该有这么多的束缚。

导 言

别人不可能一直重视你的,

因此,你得重视你自己。

学会享受、陪伴、照顾好自己,

多与自己进行积极的对话,

成为自己的支持系统。

你的需求很重要,

所以学着自己去满足这些需求吧,

别总是指望别人。

有人曾经提出过这样一个问题:"如果要你列出所有你所爱的人和事,你会花多久才能想起自己?"

这个问题为我们敲响了警钟:我们大部分人,都忽视了爱自己。这反映了当前社会的一个普遍问题:我们习惯了更在意别人对自己的看法,而不是自己对自己的看法。

第四部分　接受自己

学会与他人有效互动，使别人喜欢你，确实可以帮助你实现自己的目标。但是我们首先得回答一个更深层次的问题：你喜欢你自己吗？

我们早早地学会了在意他人的看法，却从未想过自己对自己的看法。这样的结果，就是我们这个社会里，**人人都在忙于取悦他人，试图让别人喜欢自己，可内心深处却始终无法获得满足，因为人们其实并不喜欢自己。**

必须承认的是，当我们的才华得到认可，努力得到嘉奖，成就得到表彰，或是外表得到青睐时，感觉确实不赖。这种时候，我们似乎觉得自己的存在很有价值。得到了赞美，我们会感受到爱，觉得自己重要，觉得生活美好。

只是这样一条取悦他人，证明自己价值的路，永无止境。为了在别人面前看上去光鲜，我们买回来许多其实非必需的东西，最终给自己背上沉重的经济负担，而那些别人，其实压根不在乎你。我们努力改变自己，只求能融入某个群体，而无法坦然做自己。我们涂涂抹抹，舍弃自己原本的天然之美，只为了迎合某种社会审美标准。我们没完没了地为某些外部成就而疲于奔命，却忽视了自己的心灵成长。

高频情绪练习

爱与善意的力量是巨大的，把它们分享给别人，能改变这个世界。可我们首先要对自己付出爱与善意才行。与其忙于改变自己，不如先允许自己感觉快乐一点。先改变自己的世界，你才能具备改变外部世界的能力。

很多时候，一旦我们没有给予自己应有的善意和尊重，我们很快会变得患得患失，缺乏安全感，继而影响我们的自信、待人处世，乃至健康。这样会导致我们能为他人付出的爱也同样大打折扣，其结果，自然是我们收到的回报同样大打折扣。人们往往爱和自信的人待在一起，那些能与自己和平共处的人，才会受到大家的欢迎和喜爱。从这个角度上说，爱自己，可以说是建立强大人际关系的一个关键因素。

假设有这么一位不够爱自己的女性，叫琪拉（Kierah），她在与自己伴侣，特洛伊（Troy）相处的时候缺乏安全感，就因为她认为自己没有特洛伊认识的其他女孩子漂亮。这导致她做出了一系列在特洛伊看来不尊重、不信任他的举动，比如，翻看他手机信息之类的。于是，不论这两人对彼此的感情有多深，琪拉的自卑，都对两人的关系造成了伤害。琪拉的这些行为也开始影响到特洛伊了。他渐渐开始觉得，琪拉这些做法说

第四部分　接受自己

明她其实并不爱他,于是他的自尊心也受伤了。两人的关系开始日渐恶化,最终走向了结束。

人如果能坦然地接受自己,就会把重心都放在自己的幸福快乐上——这种情况下,发现不是每个人都能接受自己,人们往往也能泰然处之。毕竟,你知道自己的价值,所以碰上不懂欣赏你的人,你也不会那么在意。实际上,你还可能很快会发现,为什么别人不懂欣赏你:就因为很不幸地,这世上大部分人其实都不懂得接受自己,因而习惯了盯着别人身上的缺点。

绕了一圈,我们又回到了起点:无条件地爱自己,是多么的重要。

本章的这一中心思想,将会加强你的认识,帮助你理解为什么自己会这样想,从而促使你去积极地改善自己的人生。这一趟心灵成长之旅,将会引导你走向自我接纳,为你的生活增加无数幸福体验。

欣赏自己的外表 ➤

打理好自己的外表,爱惜自己的身体,是件好事。我们应当珍惜自己的身体发肤。照顾好自己是个好习惯。实际上,拥有一副健康的身体,本身就是件奇妙的事情。我们每个人,都是大自然馈赠的奇迹。

有神论也好,无神论也罢,在这世界形成之初,关于人类的审美,其实并没有什么是美、什么是丑的标准——这其实都是我们自己想出来的,到了今时今日,更是受着主流媒体的左右。

只有自爱,你才能懂得欣赏自己的美。不过我也要坦白地告诉你:这可不容易。主流媒体无处不在地贩卖焦虑,人难免会拿自己与别人比较。媒体不断地拿一些所谓符合主流审美的形象来轰炸我们,哪怕明知这些图像很多是假的,美化过的,目的只是给我们推销某种观点、某个产品、某个梦

第四部分　接受自己

想，可惜我们往往想不起来这一点，轻易地就被它们放大了自卑心。

我们往往以他们口中的"完美形象"为标准，将自身的特点定义为"缺陷"。我们身边充斥着没完没了的信息，不停地向我们宣扬着何为"美"，然后这些信息就会形成一种关于美的标准，刻入你的潜意识。我们会评头论足，拿这套标准当尺子，但凡不符合这种大众标准的，我们都会将其定义为"缺陷"。这种评头论足不仅针对别人，更针对我们自己。

我的职业让我有幸接触了大量年轻人。这里有一些关注者甚多的网红博主，也有一些普通的少男少女。其中，我认识了一位颇有名气的博主，因此我了解到，在人气暴涨的同时，她也因此收到了大量的负面评价。她在社交媒体上发布了一些自己的生活照，结果被炮轰，说她丑。面对潮水般的嘲笑与谩骂，她最终没能承受住压力，为了维护自己的公共形象，跑去做了整容手术。

可惜，这并没有让谩骂来得少一些。一开始因为达不到那种社会标准的"完美"，他们骂；后来她试图弥补，去

不要让社会审美标准影响你的自信心。美，根本不存在标准。接受自己的本来面目，爱自己的本来面目。珍惜那些所谓的"缺陷"，与自己的外表和平共处。骄傲地将你的不完美展示出来吧，因为那才是属于你自己的时尚。

第四部分　接受自己

"变完美",他们也骂。现实显而易见:不管你怎么做,总有人是不满意的。

我还和这位博主的一个崇拜者聊过。这是一位年轻女性,她也承认,自己经常和偶像比,比完了就会觉得沮丧。她还承认,这种沮丧,甚至导致她对别人做出一些不那么美好的行为,比如,就因为其他人长得没有自己偶像漂亮,就随意对人家的外表做出负面评价,等等。我提醒她,类似这样的评价,恰恰是促使她偶像整容的罪魁祸首。

网络上流行着一种消极的文化,这种文化有时候还会作用在那些我们声称自己喜欢的人身上。这种不断地拿人和人进行比较的行为,最终导致的,只会是一张大网,将我们罩在各种消极与冷漠的思想当中。

不要因为这套外貌上的社会标准否定自己。这类标准几乎都是由不自信引起的——或者是想推销什么东西。想一想就知道了:要是每个人都能真心接受自己,多少生意会从此关门?

你的裤子尺码,定义不了你。

高频情绪练习

你皮肤的颜色深浅，定义不了你。

体重秤上的数字，定义不了你。

你脸上的斑点，定义不了你。

别人对你的期待，定义不了你。

别人的看法，定义不了你。

不是每个人都能欣赏你的美，没关系的，这并不意味着你就比谁差。美是个纯粹主观的东西，一千个人，就会有一千种品味。你的"不完美"，恰恰是你最美的装扮，骄傲地把它亮出来吧，因为那正是你的独特之处。永远不要忘记欣赏自己的独特之美。

要是你觉得自己想成为另一个人，放心吧，很多人都和你一样。不过，你要是学会赏识自己的独特之美，那么从此你就学会了真实而骄傲地做自己。这样的人，会给身边很多人带来积极的影响。你，也可以成为这样一个人。你可以让世界看到：接受自己，可以带来多少快乐。

只跟自己比

> 别管别人在干什么。
> 别人是别人，你是你。
> 别去盯着别人怎么走，好好想想自己怎么走。
> 那是你自己的前程。

攀比是让人难受的罪魁祸首。像我就不得不承认，我被攀比心打击过的场合有很多。严重的时候，我甚至为自己的人生感到丢人，就因为我过得没有别人那么光鲜亮丽。记得读书的时候，我很少会请朋友到家里玩，因为觉得自己家地方又小又穷酸。

当然，行走于世，想要不和别人比，是很难的。有一次在冥想中，我回想起一件儿时往事。当时我应该才10岁的样子，在参加一个婚礼，正和别的孩子玩游戏。当时有个男孩，比我大几岁，是我们中的头儿，游戏怎么玩都是他说了算。

那一次，我们都停下了游戏，这个大孩子转了一圈，挨个儿看每个孩子穿什么衣服。他自己穿的是一身名牌，很贵的那种。

听着他粗鲁地评价其他孩子的穿着，快轮到我了，我有点紧张，因为我的衣服都是便宜货。我可不想听他当众笑话我穿，我会觉得很丢人，尤其我本来就因为自己家里穷而自卑。

幸好，当时出了一个小状况打断了我们，最终我没有被点名。但是，我内心这种生怕被看出自己穷的不安全感，从此就纠缠着我，越成长越严重。在学校那些可以自由着装的特殊日子里，没穿名牌衣服的孩子总是会被挑出来欺负。

我母亲很厉害，靠着一份极低的工资拉扯大三个孩子，却从来没让我在那种时候被挑出来过。不过，即使穿着耐克鞋，我穿的也是最便宜的那种，于是照样免不了盯着那些穿着贵耐克的孩子自惭形秽。我羡慕他们的鞋，羡慕他们的好东西，越羡慕，越清晰地意识到别人拥有着我所没有的。

孩子这种攀比心态，往往是从父母那儿学来的。父母一心为自己的子女好，所以他们可能以为夸别的孩子的长处，就能让自己的孩子更努力一点。比如他们可能会说："你瞧瞧人家莎拉，考试科科都得A呢。多聪明一个孩子啊，她将来肯定特有出息。"

父母这种出发点是好的，可惜效果却往往适得其反，尤其当孩子做得好的时候也不适当表扬的话，更会对孩子的积极性造成巨大打击。这样的直接比较，只会让孩子觉得自己被贬低，一无是处。尤其像"你怎么就不像莎拉一样聪明呢"这样的话，会对孩子的心灵造成巨大的伤害，让孩子永远都觉得自己不够好。

品牌营销最擅长利用攀比心态。你要是不用苹果手机，你就"out"（落伍）了。你开的不是兰博基尼，那你算什么成功人士？你没效仿顶流明星穿衣打扮，你也太不时尚了……这些暗示，都是通过种种精心设计的营销策略层层包装，针对的，就是我们的自卑心理。

高频情绪练习

人在攀比的时候,眼睛总是往上看的。我们总是盯着那些在我们看来日子过得更好的人,而很少去关注那些过得没我们好的。于是,我们很少会意识到自己拥有什么,很少会为此而庆幸和感恩。

受到他人的激励和鼓舞,向榜样学习,是一件好事,不过要分清楚:你是在学习,还是在嫉妒。

社交媒体的流行,进一步加深了这个问题。涉世未深的孩子与年轻一代,如今正越来越多地受到社交媒体文化的影响,却不知社交媒体上所展示的、自己在自觉不自觉进行比较的,其实是真实世界的美化版。

很多现实中关系濒临破碎的情侣和夫妻,反而更爱在网上发布一大堆甜蜜美好的照片,用来掩饰自己此时的境地,避免被人指指点点。(其实倒也不能怪他们不公布自己家的丑事;毕竟没人会吵架吵到一半忽然说:"等等,让我先拍个照。")在这些甜蜜照片底下,人们会纷纷留言,赞美照片的美好,羡慕他俩的甜蜜——与自己对比。至于镜头背后的真实情况,人们无从得知。一张照片而已,能让你看出多

第四部分　接受自己

少信息呢？

拿网上看到的东西来与自己的生活比较，实在是浪费时间的一件事。我们会拿出来分享的照片，只会是好看的，开心的，成功的；我们不会把自己累的时候，怕的时候，孤独的时候，拍下来给人看。

同样，我还发现有些屏幕上的完美夫妇，有的是根据相关利益方的需求而塑造出来的——比方说，为了提升其公共形象。因此有些时候，这些夫妇看起来似乎更爱的是镜头，而不是对方。

记住，别人秀出来那些美好的照片和视频，并不代表他们的真实生活。你无从得知他们每个照片或视频的背后付出的是什么。别人的成功，背后也许是一腔辛酸泪。哪怕网上看起来再甜蜜的一对儿，也可能经历过冷漠、拒绝与强迫。在每张漂亮的照片背后，可能都有50张要删掉的。

我就遇到过不少真实生活中与媒体形象大相径庭的两面人。滤镜可以将真相扭曲得面目全非，而煽情的标题，也可以把任何东西给美化一遍。其实这道理每个人都懂，可惜事

到临头，我们总是容易忘记。

人的本性，决定了我们容易从社交媒体的点赞、评论和关注中寻求即时的满足。这种时候，我们的大脑会分泌多巴胺，这是一种让人快乐（也让人上瘾）的激素。你有没有想过，你此时拿自己进行比较的对象，也许恰恰是不懂得自爱，而要靠社交媒体来寻求满足、填补空虚的人呢？

别人在网上发布什么，别人在生活中都干了什么，拥有什么，这些都不重要，重要的是你自己。你真正该比较的对象，只有你自己。你每天的任务，应当是和自己比，看看今天的你，有没有比昨天的你更好。想做最好的自己，你就得始终把注意力放在自己身上，牢记自己的人生目标。

跟别人比，只有酸，不会甜。

没有哪两条人生道路是相同的。你只能走自己的路。每个人的人生节奏都是不同的，每个人都有自己的人生阶段，到达的时间也不尽相同。也许别人已经到了他们大放光彩的时候，而你这会儿还在后台做准备呢，这并不意味着你就没有机会走上台前,绽放属于你的时刻。

我们可以欣赏他人的人生,为他人的成功而喝彩,然后,继续走自己的路。要记得自己拥有的一切,为此而感恩。在追逐梦想的途中,不要忘了时不时回回头,看看自己已经走了多远。

欣赏自己的内在美 ➤

想一想，人因为某种思想或行为被称赞为"美"的时候，多吗？不多吧。尤其和那些因外表而称赞"美"的时候一比，那就更少了。人们对"美"的评价，往往都建立在一些肤浅的外在基础上，而忽视了像无条件的爱与善意这类的内在美。这是因为，这些内在美在那些追求肤浅成就的人眼里看来，没什么意思。

正因如此，人们往往习惯于改变自己的外表，去迎合社会所认可的那些审美标准，而不是去改变自己的思想与行为。

如果我们能有意识地多去赞美别人的善意，那么人们就会更有兴趣去改变自己的行为。美这个东西，远远不是外表那么简单。

第四部分　接受自己

　　一个人看上去好看，并不意味着对方就值得你为他付出精力，对方的心灵、思想和精神，对你也要有吸引力才行。**一个只有外表好看的人，就像一辆没有引擎的豪华跑车一样，是一文不值的；如果没有共同语言，你们在生活中是很难走得长远的。**

好看的皮囊，只能满足生理需求。
只有具备真正的内涵，
才能与你的心灵、头脑和灵魂契合。

　　真正的美，不能只停留在表面，我们要看到皮囊之下的东西。容颜易老，而内在美却可以持续终身，这才是我们的价值所在，这也正是为什么我们需要花费如此多的时间精力，来塑造一个良好的性格。毕竟，花钱整形容易，可一个好性格，却不是钱可以买来的。外表漂亮，你可以诱惑很多人，可是想要留住一个真正对的人，只能靠你的内在。

为你的成就鼓掌 ▶

> 我们总以为,成功指的就是出名、有钱,
> 买得起各种好东西。
> 但其实,让自己摆脱了困境,
> 同样是一种成功。
> 别忘了,
> 在困境中煎熬却没有放弃,这样的日子,
> 每一天都是一种胜利。

你知道吗?其实你度过的每一天,从某种意义上说都很伟大。也许这么说你会不以为然,尤其当你总是忙于实现下一个目标的时候。你要知道,你今天所拥有的很多东西,也许正是你曾经梦寐以求的,只不过可能它们转瞬即逝,你一时没有注意罢了。

虽说我们不应该对自己的成就过分满足，安于现状，可这并不意味着我们就不该花心思为自己的成就好好庆祝庆祝。这样我们回首人生，会感觉自己什么也没干，人生一成不变，毫无意义。

我们习惯于对自己要求太高。我们总是盯着自己做得不够好的地方，却很少去想自己做得好的地方。听着是不是很熟悉？如果是，就说明你太爱自我批判了。

不妨时不时地，给自己点个赞。你其实做过一些很多人说你做不到的事。你可能做过连自己也觉得自己做不到的事。为自己感到骄傲吧。你走到今天，并不容易。承认这一点，可以给自己带来自信，可以提高你的振动频率。

尊重你的独一无二

>你的个性,是福气,不是包袱。
>东施效颦,永远不是属于你的美;
>追随主流,更是只能泯然众人,没有出头之日。
>和别人走同样的路,
>你就永远没机会看到别人看不到的风景。

小时候,大人总是提醒我们,每个人都不一样,要大胆做自己,勇敢地去追寻自己的梦想,哪怕再狂野都好!可惜随着我们日渐成长,世俗的评判标准,留给我们的可能性却越来越少。人们会说:"对,做自己就好……唉,可那样不行!"或是"嗯,条条大路通罗马……不过这条道最好走。"

心理学里有个词叫"社会认同",说的是人们倾向于随大流,如果别人都这么干,你就会觉得这事情是对的。你受

第四部分 接受自己

他人影响的程度，比你想象的要大。比如，两家没去过的饭店之间，一家客人人满为患，另一家冷冷清清，你自然会认定人多的那家比冷清的那家要好吃得多！不过，人多的就是对的，这条道理并非放之四海而皆准。

不妨从现在开始，好好审视自己的行为，问问自己，为什么这么做，这么选？是因为你自己真的这么想的，还是仅仅是随大溜？一旦发现，你的很多选择，其实都是被别人的观点给左右了，你就会意识到你没能真正地把控自己的人生。而这样的失控，很容易让你恐慌，让你陷入低频率振动状态，比如焦虑当中。最终我们能否过得快乐，我们自己说了不算，因为我们压根就是他人观念下的傀儡。

在我们这个社会里，恐惧和剥夺，是最常见的控制手段。我认识很多人，他们的人生根本不是自己选的，而是别人打着为他们好的旗号，帮他们选的。也许那些别人，本意确实是为你好，可他们不知道什么对你才是真的好。也许他们为你所做的那些决定，也是出于恐惧，别人传给他们的恐惧。

你不应当活在他人的信念当中。你不应当只为了符合他人的期待，为了获得他人的认可而活。面对真实的、独一无

你可以选择听大多数人的；

也可以选择倾听你自己的心声。

二的自己，你不应当感到羞怯。你的人生，不应该有这么多的束缚。

这世上的一个现实就是，

不管你怎么做，总会被人说三道四，

不管你是按自己的想法活，还是按别人的想法活。

有人曾经说过，一只老虎，从不会去关心一群羊怎么想。羊这种盲目跟随社会规则的动物，左右不了老虎的想法，毕竟它们只知道寻求群体的认可，只知道埋头跟着大队走，没有自己的个性；因此，它们脑中空空，前途渺茫。

做个小实验：

试试大声朗读"奶粉"（silk）这个词10次。

现在，回答这个问题：牛都喝什么？

你回答"牛奶"（milk）了吗？

如果答案是肯定的，那么，你就掉进了一个心理学术语叫"启动效应"的陷阱：在我的诱导下，你肯定会给出这样的答案，哪怕它是错的。我再举个例子：如果我先给你讲了个故事,是关于我怎么在一片鸟不拉屎的地方迷了路,怎么都走不出去的,然后,我再给你出个题,将下列词语补充完整:"＿境"。你填出来的词,多数是"困境",而不是"梦境"。

"启动效应"还会为我们提供线索,帮助我们轻松提取头脑中的特定信息,跳过中间具体的关联。想象一下,这样是不是很容易设计出一些圈套,让人们在不知不觉中,按照特定的方式去思考和行动。这恰恰是广告公司最擅长的营销伎俩。

当今这个社会,真实的东西变得很稀有了,大部分时候,我们都是受着他人的暗示在行动。他们很清楚怎么操作能不引起你的疑心,让你乖乖地送上门去,去满足别人的需要——或者更确切地说,满足某个企业或团体的需要。

不要为了能被身边的人接纳,就抛弃自己的个性。珍惜自己的独一无二。别人觉得你很怪?好事啊!这些人会觉得你怪,恰恰是因为他们都生活在一个想象中的盒子里,而这个盒子,不适合你;同时,他们又习惯性地认为只要你不迎合大家的需要,一定是你有问题。可谁愿意被关在一个盒子里呢，尤其这个盒子在实际上还并不存在。反正我是不干的！我要自由，我不要被关起来。

成长，超越自己，是好事；走出舒适区，挑战自我，是好事。只是这个社会常常会歪曲这一点，让我们误以为好好地做自己，是不对的。

你喜欢安静，别人会说你太内向。
你想避免冲突和争吵，别人会说你窝囊。
你对自己的爱好充满激情，别人会说你玩物丧志。
你不爱寒暄，别人会说你冷漠。
你尊重自己，别人会说你骄傲。
你不爱社交，别人会说你无趣。
你有不一样的信念，别人会说你执迷不悟。
你不参与闲谈，别人会说你放不开。
你不追求时尚，别人会说你是怪人。
你正能量，别人会说你假。
你爱独处，别人会说你孤僻。
你选的路和别人不一样，别人会说你误入歧途。
你热爱知识，别人会说你是个书呆子。
你长得不像名人，别人会说你丑。

高频情绪练习

你不是学霸,别人会说你笨。

你想的和别人不一样,别人会说你是疯子。

你知道金钱的价值,别人会说你抠门。

你与负能量的人拉开距离,别人会说你没义气。

人家爱说什么,让他们说去吧。你没必要非得去扮演别人想让你扮演的角色。问问自己,你想在这个世界上扮演什么角色,然后去放心大胆地扮演吧。

宽容你自己 ➤

原谅自己做过的错误选择；原谅自己的一时摇摆；
原谅自己对他人、对自己造成的伤害。
犯过的所有错，都让它随风而去吧。
重要的是重整旗鼓，带着更好的认知，继续前行。

你有没有发现自己犯错以后，经常会自我惩罚，用一些难听的问题来质问自己？像什么"我怎么能这么干呢？""我怎么这么丑？"或是"我怎么老是失败呢？"

这种内心的声音是很要命的。这类提问无须回答，因为它本身早已设定好了答案，你在用这种方式来强迫自己接受那个设定好了的答案。用这种质问来打压自己，那叫一个稳准狠。

高频情绪练习

你的任务,是要扛住这样的声音,让内心的声音宽容起来。这世上永远少不了想要打压你的人,因此,你自己就不要再去凑热闹了。自己对自己不宽容,你还能指望谁对你宽容?你要去改变内心这种对话,把它变成支持性的,能温暖你的。犯了错,别再去骂自己蠢,而是不妨告诉自己:你只是凡人,是人都会犯错的,下次做好一点就是了。

语言的力量是神奇的——关于这一点,我们在下面的章节还会进一步细讲。语言,能对你的生活造成神奇的影响,而这种影响,可好可坏。用语言来贬低自己,你的快乐就溜走了,立竿见影。

小时候犯过的错,你现在还会拿来怪自己吗?一般不会吧?因为我们能意识到,当年自己还小,太天真,现在我们大了,早不会犯同样的错了。犯错,使我们成长和成熟。这样的心态,完全可以应用到成年以后的错误当中。

我们犯过的每一个错,都能帮助我们变得更好。只是,想要真正从错误中学习,吸取教训,你首先得学会放过自己。接受现实。深吸一口气,呼出来,然后把这一页揭过去吧。是人都会犯错,不管犯的错有多大,你还有接下来的路

第四部分　接受自己

要走。已经发生的事,没必要再去惩罚自己,把注意力多放在接下来怎么做得更好,就可以了。

> 再怎么自责,也于事无补。
> 接下来怎么做,才是最重要的。

你有没有试过遇见一个好久不见的老熟人,对方对你说:"哇,你成熟好多了哟!"如果在你们见面之前,他先和别人谈论起你,他们谈论的,多数是他们印象中那个旧版本的你,那个过去的你,对吧?

事实上,"过去的你"很可能与现在的你大相径庭。所以,如果有人对过去那个你评头论足,那是他们自己活在过去,不是你的问题。如果这些人连人会变、会成长成熟这么简单的道理都不懂,那这些人自己都还幼稚得很。如果有人拿你的过去来当借口抨击你,别放在心上;这些人只是想妨碍你过上自己的快乐人生而已。要记住,没有什么东西是永恒不变的,包括你自己。

你自己也要学会放下过去。也许有人对你做过什么在你看来不可原谅的事。很可能，你都不记得具体是个什么事，可你却牢牢记得当时的感受。死死抓着这样的感受不放，对情绪的伤害是很大的，这样只会把你的振动频率拉低。原谅别人，改变不了过去，却能改变你的现在和未来。你的内心，能获得更多安宁，能积攒更多正能量。

受了伤害而无法原谅别人的人，最终只能沦为这些伤害的受害者。想象一下，有朋友背叛了你，你们大吵一顿。伤害刚发生的时候，你自然是痛苦的，于是你和这些人断了联系，渐渐把他们淡忘——直到有一天你们又碰上了。一见面，你的脑海里立刻会想起他们当年对你干过的事，于是，曾经的痛苦又会卷土重来，因为，你从来没有真正原谅过他们。这样只会让你的精神再受一次打击，乃至让你做出不理性的选择。

原谅，不等于纵容别人的不良行为，也不见得一定要和什么人重归于好；原谅只意味着不让自己的思想和情绪再受他人左右，不再让曾经的错误影响你的命运。

Part Five

第五部分

目标实现：心态篇

我们的信念，就像是我们用来看世界的镜片；

我们相信什么，就会看到什么。

导　言

> 人只要敢于做梦，
> 并对自己的梦想坚信不疑，就一定能达成目标。
> ——拿破仑·希尔

人在实现目标的过程中，需要持续保持高频率振动。你的感受和状态，直接影响他人对你的反馈。前面章节中介绍的技巧，都很重要，必须掌握。

不过毫无疑问的是，要想实现目标，信念是基础。不是真心相信，你也就很难想象如何能去实现它。所以，我们不妨先花点时间，好好讨论一下信念的重要性，以及信念会如何影响我们的现实。

积极思维的重要性

所谓积极思维,
就是选择那些能为你带来力量的观念,
摒弃那些限制了你的观念。

我相信,积极的思想才能带来好的人生。我们不妨先从纯逻辑的角度来分析,不带任何感性联想的那种:但凡你把一件事看成坏事,这件事还怎么能好起来?人又怎么可能从消极的视角中,看出生活的积极面来?

积极思维永远比消极思维要好。积极思维,就是选择能够为我们提供助力,而不是阻碍我们的那些思想和行为,任何时候,这样的思维都会带来好的结果。

举个例子。一个板球击球手,想要在目前分数基础上打赢比赛,得获得六跑才行。如果他没自信,觉得自己拿不到这么跑，那很可能连试都不会去试，自然也不可能成功。但是，如果他想：我能办得到，这种积极的想法就会促使他去努力，那么那就有了赢的可能性。虽然，两种想法都不能保证他一定赢，但是后者至少为他争取了赢的可能性，而前者则会让他与成功彻底无缘。

类似"你做不到"这种消极的想法，会打击你的斗志，让你失去采取行动实现目标的动力。很显然，你实现目标的可能性自然也就小得多了。

类似"你能做得到"这种积极的想法，则会促使你去尝试，于是你实现目标的可能性自然也就增加了。

前者会限制你，后者却能拉近你与目标之间的距离。

总是认定一件事不可能，说明你放了太多注意力在阻碍成功的事情上了。我曾听过一个年轻人对我说，他不可能进得了顶级足球队，所以想放弃这个梦想。他说不相信自己能成功，回顾自己的人生，总觉得这样的目标不现实；在他看来，这个目标是不可能实现的。

他有个和他水平相当的朋友，却有着和他截然相反的态度。我问这个更乐观的年轻人,为什么他就这么相信自己能成功,对方就和我说了不少其他成功的足球运动员的故事。在他看来,这种目标是可以实现的,因为他关注的是可能性,而不是失败。

在我需要希望,需要转变视角的时候,我也都是这么做的。曾经,我一无所有,我后来得到的许多东西,在当时的我看来,都是不现实的。但我会从别人身上寻求鼓舞,我会去看那些起点艰难,却最终获得非凡成就的人的故事,我会对自己说:"别人做得到的事,凭什么我就做不到?"于是,我的注意力就从自己做不到的事,转移到了自己能做到的事上了。这世上每一项伟大的成就,都始于"这件事是有可能做到的"这么一个念头。

你头脑中的每个念头,要么推动你前进,要么阻挡你的脚步。积极思维,就是尽可能地挑选那些推动你前进的念头。而转换思维,改变信念,选择前进,永远不晚。

带着思想的枷锁走不远。

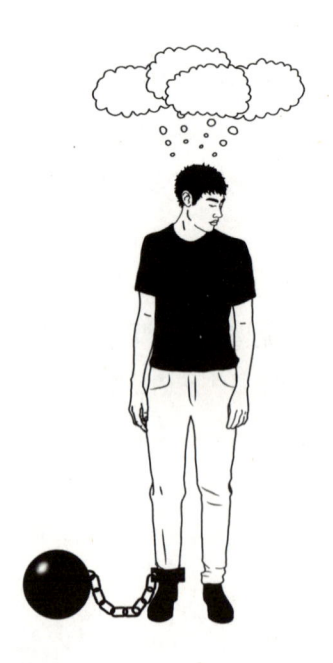

你的思想，造就现实

"不管你想的是自己行，还是不行，你都是对的。"
——亨利·福特（Henry Ford）

哲学家伊曼努尔·康德在200多年前就指出，我们所感知的这个世界，包括各种颜色、感官和物体，都不过是我们脑中的映像而已。所谓现实，不过是我们每个人感知的集合。

想象一下：如果你找100个人，让他们每人用5种不同的方式来形容一块大石头，再找个人来听这些形容，搞不好他会以为这是在说500块不同的石头呢。当然，实际上是同一块石头，只是用500种不同的方式去感知而已。

我们如何感知这个世界，取决于我们的信念。信念就像砖块，塑造着我们每个人的主观现实。一个人，其实就是一套信念体系。一个信念，就是对某种特定事物的确定感。每个人的一生，都在不断地通过积累知识和经验来获得信念。因此，每个人看世界的视角，都是不一样的。

对他人的信念保持开放的态度，当发现别人的视角可能更准确、更有益的时候，改变自己的信念，对个人的成长是很有好处的。只是，我们不能只因为他人，轻易就改变自己的信念，而应当谨慎求证，多问问："这个信念，真的能帮我实现我想要的人生吗？"以及"我的信念里面，有多少真的是属于自己的，有多少是别人强加给我的？"

你的思想，造就你的现实。
因此，下次再有人对你说，你的目标不现实，
要你现实一点，你就该想到，
他们说的只是他们自己的现实，不是你的。

相信一件事才是这件事变为现实的关键。如果你不去信，这件事就缺乏真实感，那么，自然也不可能成为你的现实。

振动法则告诉我们，当我们相信事情不好的时候，我们就会遇到不好的事情，这些事情反过来又会加强我们最初的信念，让你更加坚信，于是，坏事还能变得更坏。除非你打破这个循环，改变自己的信念。

探索你的潜意识 ➤

你的信念都装在你的潜意识里。
潜意识里相信什么,你才会感知到什么。

人的意识是用来思考的,而潜意识,是用来吸收的。 如果说意识是你的花园,那么潜意识就是花园里深厚而又肥沃的土壤。不管是成功还是失败的种子,都可以在这土壤里茁壮成长。这时候,你的意识就是那个园丁,只有它才能选择播下什么样的种子。

不过,大部分人都没有火眼金睛,好种子坏种子,都能落到这片土壤里生根发芽。有了这些种子,我们的潜意识里自然少不了消极思想的扎根。由于潜意识并没有分辨能力,这类思想也会渐渐重塑我们的信念。这也意味着,那些由恐惧、嫉妒和贪婪支配的人,会不断地向你的头脑中散播坏种子，告诉你"醒醒吧""现实点吧"，以此来限制你的人生。

潜意识里这些不良的信念会形成深深的惯性思维，误导你，让你与自己真正的人生目标背道而驰，可事实上，一旦你能让这些噪声统统闭嘴，你马上会意识到，这世界上根本没那么多不可能。

超越思维 ➤

> 哪怕无力改变环境,
> 你也可以改变自己对环境的感知。
> 这是你最能发挥主动性的地方:
> 到底是选择被生活掌控,
> 还是掌控自己的生活。

我小时候住的地方,人们普遍歧视有色人种。这么说吧:那年头,孩子都爱在外面玩,而我要想出去玩,前半个小时几乎都是要花在打架上的,先是和两三个小孩子打,然后可能还得和他们的哥哥打一场。

每次有人指着我的鼻子,让我滚回自己的国家,我都会异常愤慨。明明这就是我的国家,我有权在外面玩!我记得当时我就在想,凭什么就因为我的肤色,你们就有权贬低我？这种念头导致我怒不可遏，总觉得只能靠打架，才能捍卫自己的自由，才能赢得和平——是不是挺讽刺？但其实我本来是最不爱打架的。每次一旦受到歧视，我的本能就是诉诸暴力。这种暴力，由愤怒而生，而愤怒则是痛苦引发的防御反应。可我并不是个暴力的人，每次打伤了别的孩子，我又总是立刻会觉得内疚，会去问他们"你没事吧"。

这种"暴力能带来和平"的想法，是一种误解，这一点你应该经常能从新闻上看到。每打赢一仗，只会吸引更多人加入战局。很快，我就不爱出去玩了，因为总要惹这么多乱子，实在不划算。

我们的头脑是很聪明的，它总想偷懒，尽量省点事。（这个说法可能你听着觉得奇怪，尤其对长年累月喜欢胡思乱想的人来说。）于是，最省力的办法就是在做决策的时候，尽量跟着潜意识里上一次的经验、上一次的情绪来走。这种行为就好像开车时的自动导航，只需重复过去的经验即可，无须重新学习，无须再去仔细思考与分辨生活中的那些烦琐的细节。

然而，也正是由于潜意识无须思考，它也往往导致我

们陷入不健康的习惯。从面对委屈就本能地暴力反抗,却每次都会内疚这件事上,我意识到,我的本能反应,不代表全部的我;我这种本能反应是从过去经验中养成的习惯,而我只是没有意识到这种本能反应背后的问题,因此没有去质疑它。

> 你的想法不是你的全部,
> 你还是你每个想法的见证人。

秉承这样的原则,遇到事情,我不会光是想着"我很生气",还会意识到自己这种想法以及情绪。通过培养这样的意识,我逐渐学会了如何做出更恰当的反应,更好的选择。

我们对一个事件的感受,决定了这个事件的性质。事件本身往往是中性的,是我们自己给它贴上了好与坏的标签。因此,每当你觉得自己遇上了"坏"事情,不妨先暂停下来——观察一下自己的想法。这个过程,可以把你潜意识里的想法提到意识层面上来。只有当你能注意到自己的想法以后,你才能真正进行选择,选择自己接下来应当如何反应。要锻炼这个能力,冥想就是一个很强大的工具。

第五部分 目标实现：心态篇

把你头脑里各种打击人的思想统统审视一番，看看它们是怎么伪装成你的真实想法的，然后，要么把它们打发到一边，要么换一种更有力量的思想。比如，你刚刚失业了，你可以心里只想着自己再也找不着工作了，眼看活不下去了，这种想法会让你绝望，降低振动频率。或者，你也可以想这是个机会，能让你换一份更好的工作。后面这种想法，会让你感觉更好，振动频率变得更高。

通过这样的练习，不断重新审视和修正过去的思想，你就可以过上一种更加清醒的人生。这个过程不是一蹴而就的，但是只要坚持下去，你就可以跳出消极思维的怪圈，换上一种积极的思维模式。

简言之，我们不必一味地试图去控制外部环境和事件，而是可以学习管控自己的头脑对这些事件的反应，这可以加强我们对自己人生的掌控力，过上幸福的人生。

你的目标，不是去抛弃所有消极念头；
而是要改变自己对这些念头的反应。

一念之差

你与一个更好的结局之间，
差的往往只是一个积极的念头。

"混沌理论"是一个兼具质性思考和量化分析的方法论，其应用十分广泛，涉及物理、生物、经济学和哲学等等。这个理论的核心观点是，**初始参数中出现的微小变化，有时候能带来复杂而难以预料的结果**。这一观点也被称为"蝴蝶效应"：亚马孙丛林中一只蝴蝶拍动翅膀所带来的微小气流变化，在一定的时空作用下，也许能影响远在纽约的天气状况。

举个例子。想象我们反复从一个地方，按照相同的角度发射炮弹，每次都相同条件。运用我们的数学和物理知识，我们可以精确地计算每次炮弹落地的位置。然而，但凡你把

第五部分　目标实现：心态篇

任何条件稍加修改——比如位置、角度或空气阻力等——炮弹落地的位置立刻就会变了。

同样道理，但凡我们改变自己的某个想法，换成更积极的想法，并深信不疑，那么我们对整个世界的视角都会不同。这种新视角，就具备了改变结局的力量。

我们不能总指望自己的环境发生变化，给我们带来什么新的结局，毕竟，那不是我们能控制的。然而，你的思维方式就像那炮膛，你完全可以换个角度，换个高度，看看炮弹能不能落远一些，或是换个位置。这是你完全可以控制的。

改变你的信念

能一夜之间幡然醒悟自然是好,可惜这种事情太难了。人成年以后,很多信念早已深深地扎根于潜意识当中。我们在不知不觉中接受了许多观念,并且在这些观念的指引下度过了很多年。这些观念中,有不少在我们看来有道理,但其实对我们并没有好处,只会限制我们的发展。

我们要做的第一步,就是找出自己内心哪些核心信念是需要改变的。比如,我就有一条核心信念,即:我没办法改变自己的未来,所以,我不可能干成什么大事。

这种信念的滋味自然好不了,可一旦我想改掉它们,我就总会觉得自己在自欺欺人。毕竟,这些信念在我看来就是事实。只是,为什么我会觉得它们是事实呢?

当我去质疑这类消极信念的时候,我发现,这些思想都是我从从小仰望的大人那里听来的。他们对我说，人生来吃什么穿什么，都是注定的，我们不应当有非分之想。每个人一出生就不一样，有的人生来就什么都给他准备好了，这是没办法的事，我们不应该浪费时间去妄想能改变什么。当然，现实中他们的说法，比我在这里讲得要隐晦得多，只是，这类思想从我很小的时候就开始灌输进来了，而且身边每个人都在这么说，一而再，再而三。于是，我信了，从此我就相信自己根本就没有能力改变自己人生的方向。

随着年龄渐长，生活的担子渐渐加重，这样的信念让我备感失落。我感到自己似乎别无选择，似乎只能这么过下去，这就是我的宿命。可是，我不愿意——我想要一条出路！

于是，我开始怀疑起自己这些年的信念，同时开始怀疑的，还有当年灌输给我这些信念的人。没错，这些人很受尊敬，但是，这些人似乎并不是真正能让我敬佩的人。

十几岁的时候，我一度渴望出名，渴望有钱，因此，我决心向这样的人学习，看看他们都是怎么想的。结果我发现，这些人的思想似乎没有边界。他们看起来都很积极。他们谈论的，都是如何造福他人，如何尊重他人，如何保持健

摆脱你思想上的桎梏。

不要让自己终身被困在某个让你不得施展抱负的信念牢笼里，让你永远无法梦想成真。

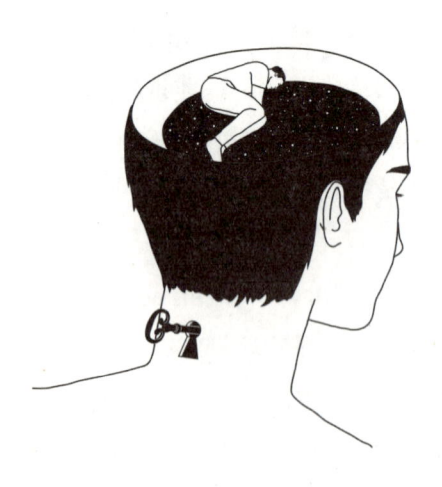

康，等等。

等我再把目光转向获得了世界顶尖成就的人身上，发现他们说话的主题也是差不多。我还研究了一些很成功的心灵导师，我发现他们中很多人都这么说：我们的信念，会为我们制造渴望的现实。

我意识到，过去那些人教我的那些，未必就是错的；至少对这些人自己，还有我身边的不少人而言，那些道理确实是对的。然而纵观这些人的人生，都有一个共同的主题，那就是艰难。命运对他们是苛刻的，他们也无法去相信别的，于是，他们的人生，就只剩下了艰难二字。

我们的理性，总会试图去理解身边的世界。一旦有人提出一个能引起我们共鸣的理论，我们立刻就会接受。别人和我说生活不易，比起质疑这种说法，相信它要来得容易得多。我把它当成了真理，因为它与我一直以来的生活经验十分吻合。

> 我们的信念，就像是我们用来看世界的镜片；
> 我们相信什么，就会看到什么。

高频情绪练习

意识到了这一点,我就知道,只要改变信念,我就能改变自己的人生。当时我就想:外面的世界里,有这样的人吗?有出身和我一样穷苦,却最终成就非凡的人吗?

事实上,这样的人不仅很多,而且有不少人一开始比我还惨。读着他们的成功故事,我曾经的信念体系就此轰然倒塌。这都是活生生的证据,让我的头脑再也无法自欺欺人。这样的故事读得越多,我的决心也变得愈发坚定。

现在,我有了新的信念:我能够改变自己的未来,我有能力做大事。

这里的关键就是,想要彻底改变旧的信念,你需要找到足够的证据来支持你的新信念。这一步,可以借助各种成功故事来实现,这样的成功故事其实很多。

确认你的目标

> 把话说出口，才好去实现它。
> 将目标说出来，有助于将它变成现实。

别小看目标确认。目标确认，指的是把你想实现的目标，用肯定的语气说出来。仅仅是这样用不容置疑的语气重复一句话，都可以让你的潜意识深深地相信这件事就是真的。

这其实是个常见的社会现象。我们经常会被灌输某些观点，并不断重复。比如，一个母亲如果总是对自己的孩子说他胆小，孩子就会把它记在心上。孩子本身未必真的胆小，可经过不断重复，孩子可能慢慢就信了，等他长大后，也许就真的变胆小了——于是，母亲的话就成了自我实现的预言。

在这里，我要再次强调和积极的人在一起的重要性，因为他们能够给你灌输一些正面的思想。要注意，这里说的不是让你只和会说好话的人在一起，而是说，要挑那些能够鼓励和支持你，而不是打压你的人。

如果你成天听人在耳边说你不行，
你最终就会相信自己真的不行。

目标确认是一个有意识的过程，是主动把某些指令输入你的潜意识。一旦这些信念成功扎根，你的潜意识就会想方设法让这些想法开花结果。就好像一个电脑程序一样，只要把命令输入进去，程序就会自动执行，达到你想要的结果。

个人经验告诉我，如果并不真心相信，光是机械地重复一些话，也是骗不了自己的。像我前面那个改变信念的例子一样，我不可能光是反复告诉自己：我能改变未来，我能干大事。我得切实地找出证据，从理性上推翻过去的信念才行。

你在说出自己的目标之前也要这样，才能让自己的潜意识不排斥你的话。先给自己的目标提供证据支持，才会让你在重复确认的过程中事半功倍。

维持高频率振动状态，在人生的任何阶段都很重要。不过我发现，如果挑自己心情好的时候来确认目标，效果会好很多；同时，不管心情好不好，反复确认目标这件事本身，又能反过来提高你的振动频率。大声地、用不容置疑的语气说出你的心中所想，确实能完全改变你的状态。

确认目标的时候，要自己组织语言，用自己的话来说，就好像是在对一个朋友陈述某个事实一样。只挑正面的话来说，别把负面的东西拿来重复。负面的东西往往更容易给我们留下印象，因为我们需要花更多精力去抵制它，这种精力本身也会强化这个信息。所以，你可以说"我对我要做的事有信心"，而不是"我不焦虑了"。

如果你表现得仿佛目标已经实现了，
你的潜意识也会跟着相信，并做出相应的行动。

该花多少时间来做目标确认完全看你自己的需要。一般，一天花两到五分钟就足够了。不过，关键在于质，而不是量，做的时候要带着充分的情感投入，说话的时候越真心越好。

语言的力量

> 语言能伤人，也能助人或为人疗伤。
> 你写出来的，说出来的，都是有力量的；
> 你传播出来的信息，会造成影响；
> 所以，要认真对待。

20世纪90年代期间，江本腾博士（Dr Masaru Emoto）做了一项极富开创性的实验，研究情绪性的力量给水带来的影响。[1]其中一个实验中，他在若干装满水的容器上分别写了积极和消极的词，然后从每个容器中取了一些水作为样本，拿去冷冻。

江本腾选择的消极词包括"你个笨蛋"，而积极词则包

---

1. Emoto, M., *The Hidden Messages in Water* (Simon and Schuster, 2005)

括"爱"之类的。他想,如果我们的语言中包含能量,而水能吸收能量,那么不同的词就应当对水造成不同的影响。

他的猜想完全成立。标注了积极词语的水,形成的冰晶图案非常漂亮,其中尤以"爱"和"感恩"形成的图案最美。而相比之下,标注了消极词语的水所形成的图案就不怎么美,是扭曲无序的。他又以对水进行朗诵的方式重复了实验,得到的是同样的结果。很明显,我们说出的语言,同样具备振动能量。

我在本书的第二部分就提到过,我们的身体大部分都是由水组成的。由此可以想象,我们的语言,对我们的影响会有多大。

想清楚你要什么

> 如果你连自己想要什么都不清楚,
> 那你搞不清楚的东西就太多了。

为你的目标付出努力之前,你好歹得弄明白自己想要的是什么。不清楚自己想要什么,自然也不可能得到。你跑到饭店里点餐的时候总不能对人家说:"我觉得我好像想吃蔬菜咖喱。"想要还是不想要,你得弄清楚。

如果你自己都不确定自己想要什么,事情接下来的发展也会清楚地反映这一点。比方说,如果服务员问你,你的蔬菜咖喱想要多辣的,而你还是说不知道,那你最后吃到的菜就可能是任意的辣度。要是辣过头受不了,那也只能怪自己,毕竟是你自己没有说清楚。

确立一个正确的目标，是一切的前提。这个目标反映的必须是你真实的愿望，而不是"你觉得你应该会想要"的东西。曾经有很久，我自以为知道自己想要哪些东西，却最终发现那些都只不过是为了面子而已，很多时候我明明得到了，却发现自己根本没有想象中那么开心。

你要树立的目标，应当能反映你这个人的本性。这个目标，应当是你经常在想的，是你觉得能够提高你生活质量的东西，哪怕是物质上的也没关系，毕竟只有完全超脱了世俗羁绊的高人才能舍弃一切物质欲望。不过，这个目标应当对你有更为深刻的意义才行。比如，你想要一栋大房子，为的是能够养一大家子人，让大家都能幸福快乐地生活。这就比单纯为了证明自己有钱而想要大房子来得有意义得多。

一旦明确自己想要的是什么，就会有一连串神奇的变化产生。我们把自己的愿望告诉了这个世界，世界就会逐步朝着我们想要的方向走去。不知不觉中你会发现，自己的梦想成真了。

J·科尔是一位著名的美国饶舌歌手，词曲作者和唱片制作人，曾经还做过广告人。在2011年的一场采访中他告诉记者，当年，他看了关于饶舌歌手"五角"（艺名50Cent）的电影《要钱不要命》（*Get Rich or Die Tryin'*）以后深受鼓舞，毅然给自己做了件T恤，上面大胆地印着这么一句话："成为杰·Z的制作人，不成功则成仁。"科尔在接受采访时说，他觉得自己可以试试另辟蹊径，通过先成为制作人来崭露头角，再走上饶舌歌手之路。他做了那件T恤，目的就是为自己的梦想开辟一条捷径。[1]

怀着有可能被哪位音乐界人士乃至杰·Z本人发掘的希望，他从此穿着那件T恤招摇过市，几年以后，奇迹发生了：目标明确、既有工作实力又对自己充满信心的他，终于接到了杰·Z的电话，并随后与其签约，加入了其唱片公司"摇滚国度"（Rock Nation）。现在，科尔已经与杰·Z多次合作演唱，并且都是他亲自制作的。

---

1. 'J. Cole Interview' (Fuse On Demand, YouTube, January 2011)

把目标写下来 ➤

你的未来，由你自己书写。把你想要的写下来，并活出一场精彩的故事来吧。

这是我曾无意中在书上看到的话，人如果把自己的愿望写下来，实现的可能性会大很多。我当时就觉得很有意思，于是展开了一场调查。我找了不少统计数据，也找了不少案例，都是关于把自己的目标写在纸上，结果几年以后梦想成真的。

其中一个广为人知的例子，就是美国职业橄榄球四分位球员，科林·卡佩尼克（Colin Kaepernick）。卡佩尼克在小学四年级的时候给自己写了封信，信中明确写了自己将来要成为一名职业橄榄球运动员，甚至还准确预测了自己要进哪个球队，以及自己会长多高，多重。[1]科林不是什么通灵人士，他只不过很清楚自己想要的是什么，对自己的未来有着非常明确的期望。这些期望，最终都变成了现实。

把目标写下来，原本看不见摸不着的想法，变成白纸黑字。写得越详细具体，就越能帮助你明确方向，以便在前进的过程中不走弯路。

在写目标这件事上，我很幸运，积攒了大量经验。我曾经写过不少相当具体、相当详细的目标，结果都一一实现了。我喜欢把自己的目标写得很具体。接下来，我会把这些细节都分享出来，给大家做参考。

用纸和笔写下目标

用纸笔来写目标，而不是用电脑或手机来写，在我看来，能对你的头脑产生神奇的印象。每次读到自己亲手写下

1.Sessler, M., 'Kaepernick foretold future in fourth-grade letter' (NFL.com, 17 December 2012)

的这些目标，看到的是自己的笔迹，那种印象又会加深一层，为它的实现再添动力。

实事求是

梦想有多大就写多大，不要去限制自己，别想着去"修饰修饰"。目标大点没什么，想要的越多，动力就越大，搞不好就能得到的更多。

用"现在时"来写

和目标确认一样，写目标的时候，应当用现在时的语气来写，仿佛你已经实现了目标一样，比如，如果你想成为数学家，就写"我是个优秀的数学家"。

只写正面信息

要记住,始终要用积极的语气写:要把精力集中在你想要的东西上,而不是不想要的。

用自己的方式来写

写下来的东西,应当是你平日里说话的语气,不要用什么华丽的辞藻。这是你的目标,你自己懂就行了,不是给别人看的。要写得能让自己深有同感,而不是还得在脑子里转换一下,翻译一下。

尽量具体一点

尽量多写细节。目标越清晰,结果也会越清晰。要记住,潜意识是靠着一套指令来运作的,你的指令明确了,结果才能理想。

可以的话，尽量不要把时限定得太死。否则，如果目标没有按时达成，你会变得灰心丧气，对自己产生怀疑，这样振动频率就低了。如果你属于那种有压力才有动力的人，那倒是不妨给自己设个期限，好让自己动起来。看你自己了：如果设定时限对你有好处，那就设一个；如果没有，那就不设。

写下来的目标要是有信心实现的。要树立信心，最好的办法就是先把目标定小一点。小目标实现了以后，你的信心自然会上去，到时就敢挑战大目标了。

确立了目标，并写下来以后，每天都把它们大声读出来。这种时候，如果发现有什么需要修改的小地方就可以随时改。不过，过大的修改，改得太频繁，基本上相当于每次都把旧的种子挖掉，换上新的，因此要引起注意。你要清楚自己想要什么。

畅想成功后的你

脑海中的想象足够真实，现实中才能成真。

情景想象，是一个让你在事情发生之前的提早体验，加深动力的过程。

世界影坛巨星阿诺德·施瓦辛格（Arnold Schwarzenegger）多次提到过，他在目标实现之前会先进行想象。迈克尔·乔丹（Michael Jordan），传奇篮球巨星，同样声称自己在成功之前就仔细想象过自己要成为什么样的球员。实际上，情景想象是很多顶级运动员都会采用的一个技巧。全球史上最优秀的网球运动员之一，罗杰·费德勒（Roger Federer）就说情景想象是他训练项目中的一项。运动员们不断练习，让自己的技能精益求精。

高频情绪练习

心理学家亚伦·巴德里（Alan Budley）、夏恩·墨菲（Shane Murphy）和罗伯特·沃尔福尔克（Robert Woolfolk）曾提出：利用身体休息期间进行头脑训练，会取得比完全休息更好的效果。[1]我们在想象一个动作的时候激活的大脑活动，与身体在实际操作期间的活动模式相当接近，因此，情景想象确实是可以训练你的大脑为事情做准备的。

在我们想象自己想要的情景时，我们不仅会把自身的振动调整到与目标对应的频率，更能够对我们的潜意识产生影响，和目标确认时的效果一样。

> 我们的大脑和整个神经系统，
> 其实不太能分清想象和现实之间的区别。

我们完全可以利用这一点。一旦我们的大脑相信了我们给它灌输的想法，那么我们的整个生活，也会反映出相应的面貌来。如果你想象自己比你此刻的真实状态更自信，而你

1.Budney, A., Murphy, S. and Woolfolk, R., 'Imagery and Motor Performance: What Do We Really Know?', Sheikh, A., Korn., E. (Eds), *Imagery in Sports and Physical Performance* (Baywood, 1994)

的大脑也信了，那么你就真的会自信起来！

各种感官都动起来

我们谈到情景想象的时候，指的可不是单一的视觉想象。你所想象的情景越丰富越好，可不能只是扁平的画面。情景中最好各种感官都参与进来：味觉、视觉、触觉、嗅觉和听觉。

细节越丰富越好。比方说，如果你想要一辆新车，别光是想象那个车，还应该想象你自己坐进那辆车，开着它出去兜风。想象你开着它的感觉，听到的声音，窗外的景象，周围的温度，等等。细细体会一切，仿佛此情此景就是真的。尽情发挥自己想象力，仿佛身临其境一般：画面越鲜明越好，色彩越丰富越好，声音越大越清晰越好。很简单，闭上眼睛，想就是了。

一个关键是，你的想象得让自己感觉很美才好，引发的应该是积极情绪，因此，你需要集中注意力。所以练习的时候必须要挑一个安静的,能让你放松下来的地方,还得远离各种干扰。

我在运用这一技巧时,判断自己进入状态的一个信号,就是发现自己身上有种微痛或微痒的感觉。这种感觉意味着我的大脑开始觉得我想象中的事情真实发生了,因此浑身开始兴奋起来了。

如果你发现自己脑子里空空如也,想象不出什么情景来,也可以找些东西来帮忙。愿景板就是个很好的选项。你可以收集各种与你目标有关的图片、剪报之类的,钉在板上,这样就能帮你把自己的目标展示清楚,然后你可以把它放在家里醒目的地方,帮助自己时时牢记自己的目标。

我自己也喜欢做愿景板,不过我用的不是传统模板,而是会把收集来的图片贴到我的个人网页上,并每天花几分钟看看。我觉得效果挺好的。通过在缤趣(Pinterest,一个很流行的愿景板平台)上收集图片,我甚至成功布置出了一场完美的求婚,与我的人生伴侣步入了婚姻殿堂。

十几岁的时候我曾经酷爱音乐。我迷上了当时很火的一

第五部分　目标实现：心态篇

个乐队叫"硬派分子合唱团"（So Solid Crew）。我把他们的乐队标志都印在了自己的铅笔盒上，上课的时候也经常做白日梦，想象自己能成为他们的一员。

一两年后，"硬派分子合唱团"里的一个成员斯维斯（Swiss）出了一张唱片，叫《痛并歌唱着》（*Pain'n'Musiq*）。我几乎对这张唱片爱不释手，走火入魔了，从早听到晚，脑子里不停地想象着自己有朝一日能与斯维斯合作写歌。

神奇的是，没过多久，我居然真的碰上了与斯维斯合作的机会；介绍我们认识的是我当时一个叫克莱夫（Clive）的导师，他也是音乐人，和斯维斯是朋友。起初是我们三个合作写了几首歌，然后我就与斯维斯单独合作了。

全世界都在支持你

别太去操心梦想要具体怎么实现，
不然你一不小心就可能限制住了自己的发展。
只要清楚自己想要的是什么就行了，
整个世界自然就会朝着那个方向走。
不管你现在选的是哪条路，条条大路通罗马。
待到时机成熟之时，种种迹象自然会显现在你面前。

13世纪诗人鲁米（Rumi）曾经写道："世界不在身外。向内看：你想要的一切，你早已拥有。"鲁米同样认为，我们之所以无法拥有自己想要的世界，是因为我们与其不在同一个频道上。世界已经在你眼前，但如果你的振动频率不够高，你也就察觉不到。然而通过语言、行动、情绪和信念，你是可以让它重见光明的。

第五部分 目标实现：心态篇

世界会帮助我们创造可能性，或者说将可能变为现实。它会在你面前显现出种种迹象，为你提供想法，让你能够跟着采取行动。做不做，怎么做，则完全取决于你自己。

也许，你的目标是创业，靠着自己喜欢的事情来挣钱。结果有一天，你可能偶然想到了某个点子，比如把你的菜谱拿到网上销售。如果你不去多想，就很可能不会采取什么行动，而只把它当成一个偶然飘过的念头。

接下来的几周，你也许会翻到几个分享自己菜谱的博客。这也很偶然，于是你可能会继续无视这些信号，继续忙别的。只是，无视了这些信号，你搞不好就错过自己最想要的东西了。有时候，我们之所以会无视一些信号，是因为我们总以为自己的目标要实现，只能通过某些特定的渠道。

像我，我一直以来真心想做的事，就是利用自己的创造力，为世界带来一些积极的变化——当然，同时也为自己创造一份舒适的生活。以前我一直想着，实现这个目标唯一的途径是卖衣服。直到我放下这个念头以后，才开始有了更多的想法，正是这些看似随意的想法，最终给我带来了现在的生活。我相信，靠着这样的自由创意，还能继续带我走得更远，让我离我想要的生活更近一步。

随着"吸引力法则"之类的词满天飞，很多人会以为要实现梦想，自己不需要花力气了。可实际上，你始终要有行动，跟着自己脑子里跳出来的各种创意和点子去进行尝试；这些创意，恰恰是世界带给你，帮你实现梦想的。这些点子，恰恰是世界在悄声提醒你："走这边！试试这个！"

光有想法没有行动，就是在做白日梦。只有通过实践，目标才能变成现实。世界永远会支持你的，只是你自己也要动起来，实实在在地走完全程。

Part Six

第六部分

目标实现：行动篇

别拿没时间来当借口。

挤不出时间来做一件事，只能说明这件事对你还不够重要。

导 言

你当前处于哪个阶段并不重要,
重要的是针对当前这个阶段,你要怎么做。

我深信每个人都应当为自己的目标采取行动,向着目标不断前进。这不一定意味着必须要做什么大动作,小动作也一样能推动你前行。只不过,我们始终应该全力以赴。

比方说,如果我的梦想是成为全世界最棒的音乐人,那么,我不一定非得立刻跑去开演唱会。我可以先试着写一首歌,这好歹是往正确的方向迈出了一小步。

同时,我可以全身心地投入到这一首歌里去。我可以对着歌词精雕细琢,保证每一句都无懈可击,我还可以反复练唱,唱出自己的最高水平。这很可能意味着我需要投入更多的时间,或者去学习新的技巧,不过这些,都属于对自己未来、自

第六部分 目标实现：行动篇

己梦想的投资。

一个人为什么做不成一件事，有很多理由。你经常能听见别人在犹豫不决，或是给自己的失败找借口的时候，解释说自己没时间，没能力，没人脉，没钱，等等。而一个人在真心想要一件东西的时候，就会愿意牺牲别的领域，来换取自己想要的。我发现，其实要实现梦想，不一定非得要有多少时间，钱和渠道人脉等等也一样。真正必须具备的，是要有足够清晰的愿景，要有信念和决心。只要坚持行动，问题总有办法解决。

很多时候，我们不舍得放弃眼前的享受或是付出辛苦劳动，去追求自己的梦想。我们生怕踏出自己的舒适区。于是，我们一边抱怨，一边安于平庸，始终得不到真心想要的生活。我们会说："我还没准备好呢。"可是，你什么时候能准备好？理查德·布兰森（Richard Branson）爵士在读书时被诊断出患有阅读障碍，在16岁时辍学，跑去开办杂志。在大部分人眼里，他可没"准备好"，但他动力十足。

理查德·布兰森对飞机一无所知，却创建了维珍航空（Virgin Atlantic），他的维珍集团拥有400多家公司，他自然也是身价惊人。直至今天,他依然与16岁时一样动力十足。他并不比什么人运气好;创业这些年,他也经历过无数失败。他最大的不同,就在于敢想敢干。

有行动，才有改变

有一次，我欠了一笔债需要还。于是，我把自己的状态进行了调整，始终让自己保持感觉良好。不过，我没采取什么行动，光是在那儿等着钱从天上掉下来。

那段时间，我参加了一个网上竞赛，赢了一个免费的手表。以前我从来不会去参加这样的竞赛，因为我也从来没赢过什么东西，但这次我觉得挺乐观，于是破天荒参加了一回，结果还真赢了。赢了手表，开心是开心，可惜我要的不是手表，我要的是钱。

又拖了一段时间，我想要的钱始终没出现，于是我有点灰心。我明明很有信心能弄来一笔钱的，到底是哪儿出了问题呢？你看：其实世界给了我机会，是我自己没有意识到自己需要采取行动。我明明赢了个奖品，却没想到可以拿来做点什么。没错——卖了不就行了！一旦意识到自己犯的蠢以后，我就跑去把表卖了，然后还债用的钱就到手了。

  有时候，实现理想的机会，是通过行动的机会表现出来的。不采取行动的话，你什么都得不到。自己什么都不干，光是指望外界变，就好像天天都用一模一样的材料来做蔓越橘巧克力蛋糕的人，却指望着突然做出一个草莓巧克力蛋糕来一样。你自己不往蛋糕里加草莓，怎么指望它变成草莓蛋糕呢！听着挺傻的，是吧？可惜，很多人就是在做着这么傻的事，日复一日重复着同样的事情，却指望着生活自己发生变化。他们花了很多精力在想、在说、在感受，却没有行动，而行动，才是最能产生振动的。

没有捷径

我发现,不少人其实知道自己该干什么,却始终不去干。他们会给自己找借口,或是退而求其次,选条容易的路,因为正确的选择看起来太遥远。有些人情愿花大量工夫去找一条更省力的路。当然,学会省力,提高效率是好的,只是很多时候光想办法省力,同样也要花不少工夫。有时候,我们得接受现实,有些事,就是要吃点苦才能办到。

比如,如果你想减肥,就必须要控制排量的摄入,那么你必须增加热量消耗,或是控制饮食,或是两者同时进行。大部分人都很清楚这一点,可惜他们往往不去做,而是把希望寄托在什么神奇的药片之类的捷径上,指望它们能帮忙解决问题。人们花了大量的时间精力和金钱,试图找到什么神奇的办法,而其实但凡他们一开始狠心下点真功夫,到这会儿早就收获满满了。

高频情绪练习

还有些人在这种时候则是什么都不做。他们确实是想减肥，可他们除了抱怨，什么行动都没有，他们就是"懒"。这些人会这样做，往往出于两个因素。第一，他们并不真心相信自己能成功，因此想法一冒出来，他们就给自己宣告了失败。第二，他们觉得这个努力的过程太痛苦。确实，一个目标如果实现起来太困难，人们往往会缺乏动力。想到要天天去锻炼，或是要管住自己的嘴，总觉得比维持现状要痛苦得多。于是，这些人就什么都不做了。他们倾向于选择更轻松、更舒服的做法——可惜，待在舒适区里，人是没法成长的。

一个可悲的现实是，很多人非得等到别无选择了，或者，当他们发现维持现状比努力去实现目标来得更痛苦，才会不得不改变。巨大的痛苦和压力，有时候会激发巨大的变化，这也是为什么有时候人们会长时间忍耐一段"有毒"的感情，直到忍无可忍。对他们来说，想到要孤零零地单身过日子，可能比继续忍受伴侣的伤害来得更可怕。

人如果确实很想要一样东西，自然就会有行动，别等到环境去试探你的痛苦底线。这样只会让你实现梦想的时

走出舒适区，直面你的恐惧。

有挑战才有成长，安于现状是不行的。

间往后延迟。主动问问自己：你心中的目标，到底有多想要？你到底是更想要这件东西，还是更害怕那个争取它的过程？

坚持才能有成效

在实现目标的过程中要持之以恒。

想象一下，你立志要增肌，一开始你会找个私人教练去报一套三个月的增肌和营养培训套餐，接着对教练给你下达的指令，你可能会做一半，结果一个月以后，你发现效果一般，于是你就认定是教练给的方法不好。又或者，你可能头两个星期百分百听从教练指挥，但发现好像没见什么效果，于是你同样会说是教练的训练计划没用。两种情况，都会让你放弃训练。

做事如果只做半拉子，那你也就只能得到半拉子的结果。行动不够持之以恒，你也很难指望能得到最终想要的东西。我自己就曾经做过一段时间的健身训练。当时我订的是两个月的健身计划，一个月以后，我没发现有什么明显的长进。不过因为我一开始就对自己保证过要坚持到底的，所以我没放弃。我也很庆幸自己没有放弃：到了第二个月底，我的腰围减了足足有三英寸。

像冥想、目标确认、情景想象等等这些行动，都是同样的道理。但凡你想最终有所收获，都必须扎扎实实地坚持做下去。要做，就好好做。坚持下去，你会养成很好的习惯，最终让你的生活获益匪浅。

别拿没时间来当借口。**挤不出时间来做一件事，只能说明这件事对你还不够重要**。足够重要的事情，你自然就能挤出时间来做它。

> 优秀不是一种行为，而是一种习惯。
> ——亚里士多德（Aristotle）

传奇的足球明星大卫·贝克汉姆（David Beckham）曾经凭着他出色的任意球技巧闻名于天下。每次他的任意球一脚射出，这球就十拿九稳了，观众基本可以断定这球会落到球门之内。

贝克汉姆这手任意球绝活可不是一朝一夕的功夫就能得

来的。他反复苦练，不光要做对，而且要做得绝不出错。哪怕是得分了还不够，还要做到不亚于练习时的表现。正是这样的反复苦练，让他形成了习惯。

当然，也不是随便什么办法都能管用。仔细检查自己的做法，根据情况做出调整和改变也很重要。如果你已经全力以赴地试过了，最终却发现效果不理想，这也许就意味着你得换一种做法了。跟着直觉走就好。如果你感觉不对，那很可能就是不对！

平庸还是优秀?

平庸与优秀之间的区别很简单:
即使不顺利,优秀的人依然会坚持把事情做完,
因为他们全身心地想要实现自己的目标。

人若是对心中的理想充满激情,自然会充满动力想要去实现它。如果你发现这个实现的过程不愉快,那你可能有必要重新评估一下,你的力气是不是用的不是地方。

要始终保持动力十足并不是那么容易的一件事,尤其碰上了挫折,或者心情不好的时候。人的动力时高时低。有时候,士气不足可能说明你该暂停一下,稍事休整。或者也可能说明,你这会儿最好出去走走看看,找点灵感。

如果这些都做了,状态依然不佳,那么你应该强打精

神，坚持做事。是不是没料到我会这么说？**这话听着不太顺耳，可从过来人的经验，我发现这种做法——这种毅力——恰恰就是平庸与优秀之间的关键差别。这是一种决心。**哪怕你觉得太早了起不来床，哪怕你很不情愿跑大老远去开那个会，但你还是坚持做了！因为你能意识到，现在付出一点辛苦，以后会得到收获就都值了。

虽然我热爱写作，可我也不怕坦白，写这本书的时候，我也有想过放弃。有些要写的东西实在是很枯燥，不过哪怕是我正在写这个句子的时候，我心里想的更多的，还是要努力把它写好写完。

有心情做事的时候，事情当然会好做很多。但凡你想过上比一般人更好一点的生活，你就得学会在没心情的时候，也能同样努力做事。

拖延只会让梦想更遥远 ▶

拖延是一种习惯。如果眼前的任务看着艰巨，无从下手，你就会想把它往后推，而推了一次，就容易有第二次；你可能会去找个更喜欢的，或是更舒服的事来做，以此转移注意力。想实现目标的话，你得改掉这个习惯，越早改越好，这样才不会让拖延变成自己梦想的杀手。

拖延症有以下表现：
1. 喜欢把要做的事往后推几天，或是拖到最后关头才去做。
2. 喜欢把没那么紧急的任务放在前头，紧急任务放在后头。
3. 做事之前，或是做事的时候，很容易分散注意力。
4. 往往等到事情避无可避了，才去面对。
5. 动不动爱说"没时间"。

6. 总要等完美时机，或是有心情了，才去做事。
7. 做事经常半途而废。

以上这些，听着像你吗？有拖延症的人习惯躲避实际行动，有些人干脆是什么都肯做，就不做那些有助于实现目标的正经事。就比如，眼看着要交的论文不写不行了，拖延症患者偏偏要先浪费时间在网上瞎逛。

我们爱拖延的，不光是那些生活中的小事，更包括那些大目标。我的朋友托尼（Tony）辅导过一个叫麦尔坎（Malcolm）的客户，就是个生动的例子。他一直拖拖拉拉，不敢采取行动去实现梦想，具体表现就是患得患失，不愿意走出舒适区，思虑再三，瞻前顾后。这都是拖延症常见的表现，也正是这些做法导致他走了弯路，失去了正确的方向。

在麦尔坎的故事里，一开始他先是找了托尼，问他该如何实现自己一直以来的目标：创业。创业需要他的全情投入，因此也意味着他得辞掉手头的工作。

面对未知，麦尔坎很畏惧，他担心的主要是不确定自己这个创业的点子能不能带来好的收入。他对自己没什么信心。他不觉得自己有多少本事，也不愿意牺牲眼下的生活条件。他觉得自己有点不切实际，因此迟迟不敢有所动作，去追求梦想。

托尼一开始引导麦尔坎规划他的创业途径，结果，麦尔坎不知怎的，忽然认定了自己信息不足，不宜冒进。他觉得自己得再琢磨琢磨，收集信息，所以，他还需要时间。他之所以会这么想，原因还是那个，他害怕失败。

想要创业成功，多做调研当然很有必要，因此，他的想法并没有错。问题是，他手头的信息明明早就收集够了；说还要收集信息，其实是借口，是他想象出来的一个需求，就为了能让自己再拖延一阵。麦尔坎想要创业的心情是急切的，他也确实相信自己的创意能为世界创造价值，可惜，他没有突破自己、重新开始的信心。

麦尔坎花了好几个月把自己的计划翻过来倒过去地研究了个透，最终拍板，认定自己的想法毫无意义，一文不值。他成功地说服自己，放弃了梦想。托尼知道了以后十分震惊，因为他明明觉得麦尔坎的计划很有前景，何况他还这么

第六部分　目标实现：行动篇

积极。

不过事情并没完。过了一段时间，麦尔坎的公司不需要他那个岗位了，于是给了他一笔遣散费，把他给辞退了。这次，麦尔坎没有去重新找工作，而是把那笔遣散费全部投资到之前琢磨透了的那个创业计划里去。这一次，他没了退路，毕竟他需要挣钱过日子啊，所以，不成功则成仁。

没了退路，拿着手头那一点点资金，麦尔坎终于别无选择，只能采取行动了。结果，他的生意成功了。要不是他的岗位没了，拿了笔遣散费，搞不好他这个生意一辈子都做不成。现在回想起来，麦尔坎意识到了，之前自己其实都是被畏惧心理拖了后腿，要不是这样，他可能早就成功了。

做事太过深思熟虑其实不是好事。
表面上是深思熟虑，其实你可能是在瞻前顾后，
拖延行动。鼓起勇气，现在就行动吧，
哪怕是从小事做起。做就是了！

我们得要有一套对策来克服自己的拖延症。目标小的时候，要克服拖延症还算容易，目标大的时候就有难度了。

这种时候，可以把大目标切割成小目标来分步进行。目标太大了，容易给人造成压力，让人觉得实现的希望太过渺茫。更好的做法，是按照优先次序，先设置小目标来逐步完成。

如果目标切割后，依然感觉太大，那就进一步切割。

如果小一点的目标能轻松实现，你会对大目标更有信心。哪怕你的目标是挣钱也一样，你可以把目标设为总额的一小部分。比如，如果你想挣到一万块，那不妨努力先挣到一百块。挣到一百块了，就试着再挣一百块，以此类推，直到最终目标达成。

我们的身体会分泌四种快乐激素：多巴胺、血清素、催产素和内啡肽。其中尤以多巴胺为首，能够促使我们向着目标行动，并使我们在目标实现以后感到快乐。当我们对一个任务提不起劲的时候，往往意味着我们的多巴胺分泌水平上不去。

把大目标切割成小目标，就能解决这个问题。每实现一个小目标,你的大脑都会分泌多巴胺来庆祝,从而刺激你再接再厉,继续向着目标前进。

如果你的终极目标是有时限的,那么你就得注意,切割出来的小目标也必须都得有期限。只有小目标按时完成,大目标才能按时完成。

如果你的拖延症还是没好,还可以试试下面这些技巧:

1. 尽可能排除干扰,哪怕是换个环境。你有没有试过肚子饿的时候往嘴里塞一堆不健康的东西吃,是因为东西就在手边,太方便了?要是没那么方便,这种诱惑可能根本就不存在。有干扰在身边,我们就容易分心。

2. 给自己一点完成任务后的奖励。比如,你可以对自己说,干完活以后,可以去找朋友玩一会儿。这样就会让你心里有所期待,增加完成任务的动力。

3. 喜欢做的事也要间隔着做。我们在努力工作的同时,也是需要休息的,要注意,休息的时间应该有数。如果你想看一集电视剧,也应该设好看多久,不能超时。

4. 多想办法。让你的任务更轻松愉快一点。比如在做不太费脑子的事时,可以试试放点背景音乐。这样可以提升振动频率。跟着音乐哼歌,可能效果更好。

5. 必要的时候找人帮忙。别怕麻烦别人。找个你觉得实现过类似目标的人聊聊,这样说不定能从别人身上找到灵感,或者能给你提供一些有用的指导。

6. 给自己立规矩。比如,你可以告诉自己,如果今天没去健身,这星期都不许看电视了。为了保证自己不食言,你可以把话说出来,让别人也听见。于是,也有了最后一条……

7. 把你的打算告诉亲近的人。这样,你就要为自己说出来的话负责;如果你没有按计划行事,别人就会知道,就可能会提醒你,给你一点压力,好让你坚持到底。

不必急于求成，慢下来 ➤

追求梦想的过程中，耐心是必须的。心想事成需要时间。只要你相信自己正在全力以赴地朝着目标努力，那么很多时候剩下的就只需要耐心了。慢慢等，不着急，面对挫折和挑战，保持乐观就好。

时间就是金钱。花掉了的时间，就再也回不来了。这也是为什么能为顾客节省时间的生意往往很容易成功。只是这样的公司多了，我们的生活方便了，却有个副作用，那就是整个社会都变得急功近利起来。

快餐社会，一切都图快。我们习惯了每件事都要立刻就能搞定。我们想要得到理想的结果，还想着省点力气，省点时间。上网买衣服，第二天就能收到，像亚马逊Prime（会员限定优先限时优惠）这类会员服务，会保证各种商品当天到货；想看电影或是电视剧了，直接上网飞（Netflix），随便挑；想约会，下载一个约会软件，慢慢挑；肚子饿了，有的是速冻食品，用微波炉加热几分钟就好。这年头的人不需要耐心等待了——想要什么，马上就能有。

享受社会发展带来的便利，一点问题都没有，只是，这种便利的副作用，就是急功近利的社会文化。现在的人，都不愿意等，一旦要等，就没信心了。我们总想着事情应该马上做成，还不能太费劲。别误会：如果有什么好事是能转眼就成的，那当然好啊。只是你也要知道，生活中大部分东西，都是需要付出努力和耐性的。

快餐式的生活方式让我们习惯了方便，对那些不能马上实现的目标，我们常常会放弃，转而去挑一个更快更省力的。可惜，这样是带不来真正的成就感的。很多时候不是你的梦想在躲着你，而是你自己没有付出应有的努力，或是你太过急于求成。不妨锻炼一下自己的耐心。

工作会有的，理想伴侣会有的，房子和车会有的。

只是不能急；放宽心。

罗马不是一天建成的。

眼光放长远,不图一时之快 ➤

如果是为了将来活得更好,那就不算荒废青春。

这两年,我只会在有特别的事情要庆祝的时候才去参加聚会。而早些年,在我二十出头的时候,我可是从来不闲着,满世界的俱乐部都会去。我还试过从英国飞到墨西哥的坎昆,就为了体验那"臭名远扬"的美国春假狂欢。以前我很讲究享受人生。享受人生,活在当下,确实很重要,因为我们现在也都知道了,人只有这么一辈子,青春易逝,过去了就不会再回来,要好好珍惜。不过,我们同样需要掌握好享受人生与投资未来之间的平衡,毕竟,我们还有目标需要实现。

当年我在办公室上班的时候,每到周五我就会蠢蠢欲动,因为我知道周末总算可以不用工作,可以好好慰劳自己

第六部分　目标实现：行动篇

了。于是那段时间，我似乎是为了周末而活的，哪怕心里明知这样狂欢不太对。周末就是我给自己的奖励，我把辛辛苦苦挣来的钱都砸在了夜总会和酒吧里，经常喝个酩酊大醉。当时的我，一边喝得醉醺醺，一边觉得日子过得痛快无比！

只是，我这种行为背后真实的含义是这样的：

你看我！日复一日干着一份自己不喜欢的工作，伺候着几个并不尊重我的老板。我只能盼着周末，只有到了周末我才能获得自由，所以，我怎么能不抓紧庆祝，用我辛苦挣来的钱买一瓶瓶酒，好好爽一把呢。只有这样我才能感觉到一点生活的乐趣，才能逃避工作日期间不得不面对的那些讨厌的现实，才能在其他和我有同样烦恼的人面前显得自己过得比他们好。

内心深处，我其实一直在想，到底哪一天，我才能真正过上自己想要的生活，才能拥有自己的事业，做自己真正爱做的事情呢。我总觉得要得到这样的生活，只能靠天上掉馅饼了。

于是我只能继续抱怨着自己没钱，没能力去追求梦想。

很讽刺是吧，不过我也知道，像我这样的人还有很多。太多的人，一边抱怨着自己没钱、没时间去追求梦想，一边却消耗大量的钱和时间在吃喝玩乐上。很多地方，点一杯酒精饮料的价钱，比买一本书要贵。可哪一样更有可能改变你的人生呢？太多人把钱花在了不该花的地方，傻乎乎地成就着别人的梦想；你的闲钱，让某个辛苦打拼了多年的人如今可以舒舒服服地过着自己想要的生活了。

像我之前那种生活经历，很多人都有过，哪怕不是在外面寻欢作乐，也可能是把钱花在别的什么事情上。没错，我们是应该享受人生，活在当下。只是，放弃你最想要的，换来你眼下想要的，只会让你失去人生真正的财富。

我相信每个人都有能力获得更好的人生。只是我也明白，很多人都不愿意放弃一时的满足，去换取长远的回报。无法忍住一时的欢愉，会对你的未来造成很大的影响。

大部分人都有这种想法："等我有了×××，我就幸福了"，其实，这是一种错觉。现实是，只要你换个视角看世界，拥有平静、感恩的心态，你现在就可以幸福。

第六部分　目标实现：行动篇

　　你可以做出任何选择，只是，做出了选择，就得承担责任。有时候，想得到更大的好处，你就得做出一些小牺牲。

　　我不是要你就此清心寡欲，再也不去寻欢作乐。我只是说，我们要在工作和娱乐之间找到一个健康的平衡，要合理支配自己的时间和精力。

担忧无用，保持乐观 ➢

担忧太多是没用的，问题总会解决的。
学会更好地控制自己的注意力和精力。
你只有把焦虑、恐惧和担忧都踩在了脚下，
才能在芸芸众生中脱颖而出。

信心，是一种主动的选择，它能让我们保持乐观。有的时候，对自己的追求保持信心难度相当大。因为恐惧无孔不入，一不小心，你就会让它占了上风，一个搞不好，你就被它蒙蔽了头脑，走了弯路，与你本该享有的成就失之交臂。

恐惧，本来是一种帮助我们避开身体伤害，保护自己的生存机制。只是很多时候，它也成了我们得过且过，逃避挑战的理由。我们没有把它用在该用的地方上，结果阻碍了自己的进步，使我们无法发挥自己的最大潜能。恐惧，让我们

第六部分　目标实现：行动篇

平庸，因为我们逃避的并不是什么真正的危险，只是自己的潜能而已。恐惧，可以在日常生活的小事里，一点一滴地左右我们的选择，我们大量宝贵的精力都用来想象可能出什么错上了，而不是相信自己能做好。最终这一切，都会反映在我们的行动上。

有信心也好，害怕也罢，其实都是对看不见的将来的一种猜测。外面很冷，你不敢出门，因为你怕生病，哪怕你这会儿好好的，而且人也不见得一着凉就要生病。出门会生病，只是你想象出来的，是虚的，直到有一天你把它变成现实。

> 我们经常会因为害怕而瞎猜。
> 结果，想得多了，瞎猜没准真会变成现实。

恐惧是一种低频率振动状态，所以，它会把生活中更多不受欢迎的东西给吸引过来。与信心相反，恐惧只会让人失去力量，并反映在你的感受上。克服恐惧，你的感觉就会好很多。比如，一个胸有成竹的外科医生，往往动作更干脆利落，注意力也更集中，做决策的时候会理性很多，因此表现

高频情绪练习

也会更好。

克服恐惧，重拾信心，能让我们敢于做一些曾经不敢想的事情，帮助我们探索更多的可能性。有信心，不见得能让事情变得更容易，却能带来更多可能性。人在追求梦想的途中必须有坚定的信心，才能不被别人的三言两语，或是命运的一时不济轻易击垮。这种信心，是哪怕失败接二连三，依然敢对自己说：我一定会成功的。

> 在最糟糕的时候，信心——
> 相信事情总会变好的那种信念，
> 是你唯一拥有的东西了。
> 撑住，哪怕只有你一个人相信，也要坚持下去。

学着顺其自然

> 保持良好的振动,然后学着顺其自然,
> 别去强求什么结果。
> 等到你学会与世界和谐共处了以后,
> 该是你的,迟早会来的。

这世界上没有哪个人是永远一帆风顺,想啥就有啥的。振动频率调整好了,确实能改变你的命运,但你也要明白,世事自有它的发展节奏,你不能急于求成——让事情自然发展,有时候会为你带来意想不到的惊喜。

待到各种实现目标的技巧都掌握熟练了,你就要开始放手,不再执着于目标了。过分强求结果,只会滋生恐惧和顾虑,反而加大阻力。心意到了,好事自然会来。

我知道,很多时候事情看起来不像我说的这样。可你要记得,一时受挫,往往会带来意外收获。挫折能迫使你停下来思考,给你提供修改方案的机会。不论当时的失败看上去有多惨重,里面总能吸取到经验教训的吧。有信心,你才能从这些表面的打击中发现内在的价值。生活中最宝贵的东西,往往带着不一样的包装,你得学会慧眼识珠。

学会放手,学会顺其自然。我在本书一开始就提到过,我们要掌握平衡,有所为,有所不为,努力掌握更好的平衡,才是你的主要任务。

Part Seven

第七部分

痛苦与意义

保持快乐,需要自我控制力。
自控力是一场内在的修行,需要心灵的成长。

导　言

生活跟你过不去，
往往不是因为你弱小，而是因为你足够强大。
因为生活知道，给了你痛苦，
你才能意识到自己的力量。

伟大的希腊哲学家亚里士多德说过，每件事的发生都是有原因的。你生活中发生的每件事也都是有原因的。**每件事都是为了塑造你，帮助你成长得更高、更强大。**这也意味着，每一件坏事，也可以看成一个成长的机会，而不单纯是用来折磨你的。（不过，这并不是说我们生活中遇到痛苦就该忽视，相反，碰上了特别悲伤的事，你应该给自己充分的时间来疗伤才对。）如果每次遇到了坏事，你都是摆出一副受害者的架势，那么生活中，你也始终只能当个受害者了。**别让自己的境遇，决定了你的未来。**

第七部分 痛苦与意义

亚里士多德的这句名言,有的人可能感同身受,也有人可能会反感。会反感,也是完全可以理解的,毕竟正在遭受折磨的人,你还要他从折磨中悟出道理来,确实强人所难。他们此刻痛苦万分,你这么说,他们只会觉得你对他们的处境漠不关心。

但是,大部分人的一生中,都有过痛苦的经历。所以,哪怕不能完全地感同身受,多少还是能体会到别人的痛苦。

有时候,我们只能这么相信:眼下的痛苦是有意义的,等到时机成熟了,我们迟早能明白。

曾经一个老师对我说过这么一个故事:弟弟读书的时候,有一次假期,他买好了回家的火车票,却错过了时间。到了火车站,发现已经赶不上火车了,他很崩溃,很生自己的气。

结果当天晚上,他从新闻中得知,他错过的那班车出车祸了,车上所有乘客全部罹难。听到这个消息,意识到自己险些命丧黄泉,他忍不住感谢上帝,说:"原来真的每件事都是有原因的!"那些罹难乘客的亲友听了这句话心里肯定不会好受,可从这个弟弟的角度上看来,事情确实就是如此。

哪怕你在痛苦挣扎的过程中看不到意义，
并不意味着痛苦就没有意义。

第七部分 痛苦与意义

我如今会坐在这里侃侃而谈，为困惑的人指路，恰恰是因为当年我早早失去了父亲；如果当年没有经历这一切，那么我现在要说的话可能会完全不同。这并不意味着他的早逝就是什么好事，毕竟如果有父亲在身边，我的人生可能会少走很多弯路。只是，这样想，能为你带来力量，帮你鼓起勇气，继续前行。

已经发生了的事，无从改变；能改变的，只是你对事情的看法。这样转换一下思路，我们就能学着去相信所有的坏事都可以变成好事。一旦学会积极地看待每件事，我们的生活也会随之改善。如果总是不能转换思路的话，我们就会深陷痛苦的泥潭，在低频率振动的状态中挣扎。

痛苦带来改变

幸福来敲门之前,得先给你点考验。

生活中有些美好的转变,往往来自最痛苦的经历。不经历低谷,哪来的智慧、力量与经验,去发现快乐,珍惜幸福?

人生路上,碰到低谷,面临改变之时,人们往往会挣扎、困惑,这种时候人确实很难保持信心,相信事情会好起来。但是你要知道,这一路走来,我们吸取的种种经验教训,能帮助我们在接下来的道路中做出更好的选择。被人伤过心,你下次再挑选伴侣的时候自然会更加谨慎,有了这样的谨慎,说不定你下一个找到的,就是这世上最懂你,对你比任何人都好的灵魂伴侣了呢。

每做出一个选择,接下去又会伴随更多选择。你要记住,你在生活中哪怕有一次做出了不同的选择,说不定整个

第七部分 痛苦与意义

人生境遇就会不同。想象一个男孩子与一个女孩子第一次约会，说好了要去看电影。出发之前，男孩子想先吃点东西，结果吃坏了肚子，不得不频频跑厕所，最后约会迟到了。女孩等得不耐烦，先走了。这边她刚走，那边他就赶到了。

男孩赶到电影院，发现女孩走了，只好打道回府，结果在路上，他偶遇到一个让他一见钟情的女孩子。接下来你可以想象，他们一聊起来，相见恨晚，很快就坠入情网，接下来就是结婚，生孩子。这一切，都是因为他当初错过了那个约会对象。

世界万物都是有联系的。如果你曾经有过伤心事，想想最近身上发生的好事你就知道，两者是有联系的。你的过去多多少少影响了你，改变了你的选择，从而最终引导你走到了今天。

有时候，我们得花点时间回顾过去，回想点点滴滴的往事，试着把它们之间的联系串联起来。你可能会发现，原来每件事都是有原因的，只要仔细想，你就能明白这一点。而一旦想明白了这一点，你也自然而然地就能明白，未来也是一样的，不论痛苦还是快乐，一切皆有因果。

接二连三的考验

> 生活会不断考验你。它会打击你，会趁你倒下的时候落井下石，踩你一脚。然而再怎么打击，你照样能爬起来，以耳目一新的状态再接再厉。因为别人还在苦苦挣扎的时候，你已经经受住了考验。

下次你在祈求上苍改变你的境遇的时候，你要想想，你之所以陷入这样的境遇，为的就是能让你改变。生活就是要给你适当的教训，这样的教训会激发我们最强大的潜能，接下来，生活还要给我们点考验，以保证我们确实吸取了教训。有时候教训很轻，有时候还挺残酷。

偶尔，我们会反复碰上同样的挑战，那也是因为我们还有东西要学。这也许是因为我们还没充分吸取教训。想知道一个人到底吸取了教训没有，最好的办法就是多考验他几

第七部分　痛苦与意义

次。毕竟如果刚吸取了教训，马上考验的话可能一下子就通过了。

如果过几个月再考验你一次，要通过就不那么容易了。这样的考验，才能真正试出来你到底是想明白了没有。比方说，如果你对一个人毫无了解就匆忙坠入爱河，结果被伤了心，那么这个教训就是，和一个人在一起之前应该先有充分的了解。

> 光是嘴上说你吸取教训了，
> 有时候是不够的——你得证明这一点才行。

冥冥中，命运又会安排你再遇到一个魅力四射的对象，来试探一下，你是不是真的吸取了教训。如果没有，你自然会再一次仓促地坠入情网而受伤。这只是个信手拈来的例子，不必当真，但我希望你能明白，有时候我们就是要一而再，再而三地接受考验，而且，第二次第三次也许难度更高。

及早发现警告信号

人不至于每次一坐车就担心自己会出车祸,要这样的话也太恐怖了,能把人逼疯的。但这也不妨碍你采取一定的安全措施,比如系好安全带的,好让万一出事,不至于伤得太重。这种做法同样来自恐惧,而这也正是恐惧这种情绪存在的意义:它让我们知道保护自己。

如果你曾经经历过酒后驾驶出过车祸,好在捡回了一条命,如果这种事还有第二次,那你这个人就太不负责任了。这意味着你几乎是明知故犯、自寻死路。换句话说,你明明吃过教训,却不长记性,你等于是在告诉这个世界:再来教训我一次吧。

所以说,我们要留意身边的警告信号。世界是善意的,它会在冥冥中引导我们过上真诚而有意义的生活,体验更多的幸福与美好。但是,当事情不顺的时候,你始终应当问自

第七部分　痛苦与意义

己：这里头，是不是有什么教训？毕竟，每一次不好的体验，里面都是有东西可以学的。问问自己，是不是有什么可以改善的地方。明知自己的选择有问题，不健康，却视而不见，口口声声说这叫"乐观"；当然，也不要向眼前的欲望屈服，只为得到一时的满足，却要付出长远的代价。

明知有毒的蛋糕，却吃完一口又一口，

那么你早就不是受害者了。你是在自愿服毒。

更高的人生追求

你是带着无限潜能来到这个世界的。
你的使命是与世界分享你的才华与天分,智慧与爱。
世界有了你,会变得更好。
既然带着使命而来,
那么一天没有去履行这个使命,
你一天就会感到内心空虚;
这是一种莫名的感觉,
你无法解释,你只知道,你需要更多。

我深信,每个人来到这个世界都是带着使命的,这个使命就是要为世界服务。这个使命,再加上无条件的爱与幸福,就是我们生存的意义。有目标有使命,活着才有意义。

大部分人活得稀里糊涂,不知道自己为什么而活。还有的人呢,多少知道一点,却不得不向社会习惯和风气低头,放弃了自己真正的使命，拿了实用主义来敷衍自己。

想象一个足球。足球是用来踢的，如果没人去踢它，把它丢在房间角落，这个足球就没有实现自己的价值——当然，足球才不在乎，毕竟它没有灵魂。但想象一下，要是有呢，如果给这个足球赋予灵魂，赋予自我意识，它会怎样。这个静静待在房间角落里的足球，内心可能会有一种怪怪的感觉，空落落的，好像自己缺了什么东西。它会始终感到不满足，因为它没能向世界展示自己的价值。

现在，再想象有人终于注意到了这个球，捡起来拿在手里把玩。当球飞到空中，感受着风在流动，它肯定开心坏了，可没过多久，又开始有点空落落的，感觉开心归开心，似乎还是缺了什么。

接下来，这个球被拿来换着花样地玩，这球一样样地见识过了各种玩法，却始终得不到满足。这球总想着，再多见识一点，可能就能满足了。可惜，随着时间推移，它的期望一次次落空。

终于有一天，有人踢了这球一脚。这一刻，球终于恍然大悟。它终于知道自己生来是做什么的了：原来，我是用来踢的呀。这时，它再回想起自己这一路以来的历程，才明白过去的一步步，如何发展到了今天。第一次飞到空中时的惊喜，第一次身上受力时的感觉，正是这些点点滴滴，让它渐渐明白了自己的使命。现在，球明白了，自己这一路以来在寻找的究竟是什么。

在那些不符合我们深层需求的事情上，我们往往也能获得一点快感，只是，这种快感往往短暂，无法带来长久的满足。不是说我们就不能去找点乐子——毕竟很多时候找乐子能提高振动频率。我说的是，只有能实现我们人生价值的事，才能带来终极的满足感。

也许在你听来，这些终极使命什么的说法虚无缥缈，很不靠谱。不过请你想象一下，假如你在一片荒地上捡到一个智能手机，你肯定能想到，这是有人掉在这里的，对吧。这么复杂精巧的东西，你肯定不会认为这是大自然经过亿万年的进化，自己长出来的。但是，人比智能手机复杂多了，我们却偏偏相信人这么复杂的生物，是经历了无数进化，加上适者生存原则以后，自己成长出来的。

很多人似乎相信这世界不存在什么终极使命，人生没有什么特定的意义。我们每一个人，只是在亿万个星河所组成的宇宙中，一个个渺小的偶然。然而，也正像一个智能手机一样，你的存在，是有意义、有价值的。

人如果心中没有一个更高的目标，人生就容易得过且过。这样的人，他们的日子也就只能是"过得去"而已，对他们而言，能养家糊口就已经算不错了。当然，养家糊口是很重要的，毕竟人活着就要穿衣吃饭，只是，你真的觉得我们好不容易来到这个世界，就为了穿衣吃饭，然后寿终正寝？你真的觉得，人活着就是为了挣钱吗？

> 有追求的生活更幸福。
> 当你感到自己做的事有意义的时候，
> 你会有种圆满的感受。

很多人就像我以前一样，日复一日地做着一份没什么意义的工作，为了周末那两天的自由而活着。这两天里，他们要么什么都不干，要么会使劲花钱爽个够——像我当年每个周末都要去泡吧一样。每个星期，他们都在盼着周末的到来，巴不得时间过得快一点，好赶紧"自由"，于是，宝贵的时间，就这样成了他们的眼中钉。时光与青春，就在这样

第七部分　痛苦与意义

的周而复始中转瞬即逝。

生活不易，而钱也确实可以买到不少自由。只是你要相信，造福世界的人生意义，与挣钱之间，并不是非此即彼的。有意义的人生不见得非得干大事——不是说你就非得成为什么鼎鼎有名的人。而是，我们做事应当追求更高的价值，那么这也必然意味着你得做自己全心全意喜欢做的事才行。想要过上好的人生，你必须要有自己的兴趣与追求。

不是每个人都能找到自己的兴趣和追求的。有能让你感到兴奋的事，就去放心大胆地做吧。但要分清楚，这事情是真让你兴奋，还是因为暂时没有更好的选择，因此你以为这事情是你爱干的。也要分清楚，是你自己真的觉得好，还是你觉得这事情别人看着会说好。

一件事情天然地会吸引你，是有原因的；
不光是你选择了它，也是它选择了你。就这么简单。

不必想得太复杂，不需要太多的深思熟虑。但也不能自欺欺人，明知不现实还去勉强为之。就像，如果你喜欢画画，那你不妨在网上开个账号，向世界分享你的作品。别一开始就想着要把自己的画卖个几万块。你做的事，应该是哪怕免费都愿意的，不带任何额外目的的，让你感到有激情的事。一件事如果不能引起你的兴奋和激情，这件事就不对。

不是要你立刻辞掉眼前的工作，经济压力什么的都不用管了。而是，你应当始终保持探索，始终渴望更好的，并始终保持行动，去找那些能够刺激你的头脑、身体和灵魂的事情来做。

没必要瞻前顾后，非得把自己的一步步规划得很稳妥。要记得，只要你向世界展示了自己追求上进的意愿，世界很自然就会为你带来更多值得追求的东西。只要跟随着这些信号行动，你就会看到神奇的事情一件件发生，越来越多人生的奥妙在你面前展开。

步子小一点也没关系，因为小事加起来就大了。最终你总能找到一种方式，把兴趣和追求变成钱。也许可以把你现在的工作进行拓展和延伸，又或许，假如你实在不喜欢现在的工作，就放弃它，将你真正的追求变成你的全职工作。

你来到这个世界上，是带着任务来的。你的任务，是去爱与付出，拯救需要拯救的，帮助需要帮助的。你有能力打动别人，为别人带来欢笑。世界会因你而改变。你来了，是因为这个世界需要你。

> 你的存在必然有意义，
> 当你发现了自己存在的意义以后，
> 不仅能为世界带来改变，
> 同时也能让自己的人生过得丰满、富足。

金钱是一种能量

> 钱只是一种能量——无所谓好和坏。
> 在这个拥有无限资源的宇宙中，
> 这种能量也多得不得了。
> 所以，钱应当成为你的工具，而不是你的目的。

有时候，人们会觉得追求理想的时候不该谈钱。所以，我们这里不妨先讨论一下钱到底是什么。你是不是想说，钱是个符号，是用来交易财物或服务的媒介，诸如此类的，不好意思，请打住——钱，只是一种能量而已！

因此，钱无所谓好坏。要不要给金钱贴上好还是坏的标签，取决于你，取决于我们如何解读和使用金钱，取决于你认为围绕着金钱吸引来的究竟是正面还是负面的能量。

第七部分 痛苦与意义

有的人把自己挣到的钱用来干一番大事，而有的人，你从他花钱的方式就能看出他的可悲。钱就像个放大镜。如果你在钱少的时候，不能拿它来创造价值，散播更多的善意与爱，凭什么觉得钱多了以后就能？

只有真心相信自己配得到钱，也有能力支配钱的人，才能挣到钱。我就问你一句：你怎么看待钱？你觉得自己应该有钱吗？你潜意识里对钱的看法和感受，很大程度上会反映在你的现状上，这些看法和感受如果保持不变，你未来的经济状况同样也不会有大的变动。

有的人一边做梦都想发财，一边又坚信钱乃万恶之源。这就好比你去麦当劳，点了餐，结果你的餐品还没上你就转身走人了。你都取消订单了，你让别人怎么把你想要的东西给你？

还有的人，一边想挣钱，一边又觉得自己不应该，因为从小听多了，说这叫"贪婪"。实际上，大部分人之所以想要钱，不过是想要获得财政自由，想能够无拘无束地过上自己想过的生活。比如，可以和自己爱的人一起出去度个假，而不用担心钱不够。如果你觉得这叫贪婪，那么这说明两个问题，第一，你认为钱是有限的；第二，你眼中的别人对此还不满足。

"贪婪"有两个前提，一是这样东西的供应是有限的，二是你想要占大头，从而剥夺了别人的份额。

> 我们总以为我们想要的东西是有限的，
> 可事实上，宇宙这么大，财富是无限的。

有限的，只是你自己的眼界而已。当你把注意力全放在了自己缺什么上，你向世界散播的信息是焦虑，于是世界回报你的，则是更多的焦虑。你怕没钱，于是你死死地守着自己那点钱。你不敢花钱，因为你不知道花了还能不能挣回来。结果，越是拼命守住自己的钱，你的振动方式，就越是会让你挣不到钱。

你把精力都放在了"穷"上，自然得到的也就是一个"穷"字。不是说人就不该存钱，更不是说有了钱就赶紧往外扔，而是说，你应该把主要精力放在发展上，放在如何让更多的财富流向自己这件事上。

很多时候，我们听到的都是缺什么、少什么的，而现实

第七部分　痛苦与意义

却是，明明每个人都有创造力，都有能力控制自己的环境。总有些人，他们很擅长在人群中传播焦虑，制造恐慌，而一个焦虑的集体，又会产生更多的振动，制造更多的焦虑、贫穷和破坏。用这种手段来控制人心，相当有效。

　　这世上，钱有的是，而你与金钱之间的距离，取决于你对金钱的态度。但你还要记住，钱只是工具，钱不是一切。最终决定你人生意义的，不是钱。光是靠攒一大堆钱，你是没法为世界创造价值，为他人服务的。你必须得有改变世界的心才行。

获得真正的快乐 ➤

> 快乐不是从别人身上得来的，
> 更不是来自什么东西，什么地方。
> 快乐，来自你自己。

到目前为止，我都尽量避免使用"幸福"这个词，为的就是把它留到最后。因为我希望，这么一路下来，你通过提高自己的振动频率，感受种种愉悦，已经体会到了幸福的感觉。

从小到大，我们总以为，快乐来自某种外在的东西：某个人，某个地方，某个东西。所以我们在生活中总在不断地追求着什么，以为得到它，我们就能快乐：如果能找到一个爱人，我就快乐了；如果能有自己的房子，我就快乐了；如

第七部分 痛苦与意义

果能减掉20斤，我就快乐了……没错，这些都能带来快乐，可惜这种快乐很短暂，它不会留在你的身体里。于是，你哪怕得到了这些东西，过不多久，又得转身去追求下一样，始终期望着，有什么东西能给你带来长久的快乐。

钱，就是其中一种最常被用来与快乐，乃至成功相提并论的东西。可惜，哪怕是世界上最有钱的人也会告诉你，拥有再多的钱，也免不了有悲伤难过的时候。如果说，钱可以用来衡量快乐与成功，那么这个尺度怎么算？从哪儿开始，到哪儿结束？毕竟，数字可以无限延伸，哪怕你实现了一个目标，还可以有下一个，永远可以有更多。所以，钱不能用来衡量快乐。

我在这本书的开篇就说过，我们之所以会追求一样东西，必然是因为我们相信得到它以后我们就会快乐。钱也是同样的道理：我们其实真心想要的，不是钱本身，而是钱能带给我们的安全感和自由，这才是我们想要的快乐。

如果这世界上只剩你一个人了，到那时，钱多得是，但还有用吗？再假如你有钱了，够你爱怎么旅游就怎么旅游，爱怎么疯就怎么疯了，可你的身体坏掉了，你快乐吗？又或者，你想买什么都能买得起，可你就孤零零一个人，没人关心你，你快乐吗？再打个比方，给你一笔超级高的工资，爱买啥买啥，可这份工作糟糕透顶，一天得干20个小时，你快乐吗？

哪怕是理想伴侣，也不能保证能给你带来持久的快乐。他们带来的快乐也只是相对的，一旦外在条件变化，这种快乐立刻就消失了，比方说如果他们做了什么让你受伤的事。

广告公司最擅长拿"快乐"来做文章，因为他们知道，我们每个人都想要快乐。他们最爱这么说："你要是买了这个，肯定快乐极了。"好，你买了，然后6个月以后，人家又推出一个新版本。你发现，之前买的那个带来的快乐早就消失了，于是你又买了这个新的，指望这个带来的快乐能持久一点。周而复始。

如果我说，你其实可以一直快乐，这不是每个人的终极梦想吗？那意味着，任何时候，不论你拥有什么，你都是快乐的——接下去的一辈子，都是如此。这样的快乐，可以说，才叫作真正的成功。

第七部分　痛苦与意义

同时，这才是真正的快乐。它是持久的，只要你保持高频率振动，不管生活表面发生了什么事。我相信，这才是每个人真正想要的一种状态。自然地身处爱与幸福当中，情绪不受外界人与事物的影响。

保持快乐，需要自我控制力。自控力是一场内在的修行，需要心灵的成长。选择能带来力量，而不是限制性的思想，应当成为你本能的思维方式。你要养成习惯，看事情看它的积极面，不要纠结于过去；也不要一味地去担忧未来，学会珍惜你此时此刻所拥有的一切；学会不再和他人比较，学会无条件地爱这世上的一切。拥抱一切。现在就快乐。

结　语

追求幸福生活当然不容易，这也是大部分人选择了得过且过的原因。但如果你花点时间好好品味这本书里的道理，并下定决心保持乐观，坚持行动，你就跳出了那个"大部分人"的圈子。每次前进一小步，你在不知不觉中就会走出了一条康庄大道，离自己的理想生活越来越近。

始终记得，如果你能在每一次挑战与失败中吸取经验教训，那么你的失败完全可以不算失败，它们只是你成功道路上的一点小波折而已。如果你确实已经全情投入某件事情中了，却始终得不到想要的，你也可以把它看作是世界在告诉你：这件事不适合你，后面有更好的，你要再接再厉。

结语

你还要记得,信任自己的直觉。如果你身体里有个感觉告诉你,这个人或者这段感情是"有毒"的,那你要相信它。如果你脑子里有个声音在说,你在浪费时间,那你要听它的。感觉自己受不了什么东西,就要尊重这种感觉,也要请别人也尊重自己的这种感觉。什么东西感觉不对,那很可能就是不对。而如果什么东西感觉太对了,对得很,对得厉害,那这东西很可能就是对的。跟着感觉走,信任你自己。

保持信心。放下恐惧和焦虑,你的人生就会摆脱平庸,走向精彩。你很快会发现自己的更高追求——人只要全身心地努力成长,追求更好的人生,这是必然的。

过上美好的精彩人生所需要的一切,你早就有了,而这首先就是要爱自己。学会保持高频率振动,你迟早会实现梦想的,哪怕需要的时间很长,有了高频率振动,这一路都会顺风顺水,一辈子感觉不错,这不就够了吗?!

我向你保证,学会好好地爱自己,你必定会成就非凡。

高频情绪练习

虽然这件事情并非不费吹灰之力，说不定要花上一点时间，可能还要付出一定的牺牲，但最终一切都会是值得的。

看你自己的选择了。

写在后面的话

说出来你们可能不信，我在这本书里说的，在我的人生中有好几次有陌生人跑过来对我说过同样的话。一次是在我21岁的时候，在一个书店里，有个中年女性走近我说："你是个能够接近上帝的有福之人。你要把上帝的信息传递给全世界。你能帮到很多人。"

还有一次，我下班，要坐地铁回家。在往站台里面走的时候，我发现原本站在那里等车的人，纷纷让开了。这种事情还是挺奇怪的，我以前没有经历过（我还悄悄地闻了一下自己身上，看看是不是有什么味！可我闻着没啥呀。）过了一会儿，一位头上缠头巾的老太太突然走过来，问我是做什么工作的。我回答了她的问题，可我还没说完她就打断了我："你很特别。"我被她的话弄得莫名其妙，只想离她远

高频情绪练习

一点,结果她又接着说:"你的前世是有福之人,可也做了不少错事。"

听到她这句话,我倒是来了点兴致,于是想听她说下去。她告诉我,我的前世是谁,干了些什么。照她的说法,我的前世是一个执行特殊任务的军人。她说我立下很高的军功,为国家做出了巨大奉献,但是也伤害了很多人。对我这所谓的前世行为,她一一为我解读。

虽然她的举止很奇怪,可她讲的故事却非常有新意,也很引人入胜。她还告诉我这辈子需要履行的使命。其中,她特别强调的一点就是让我不要被自己的愤怒所控制,因为这会导致失败。她还鼓励我多多与人分享自己的积极体验,这样会为他人带来疗愈效果。

我记得当时我努力地忍着笑,因为这事情实在是太古怪了。我一点也不信她的话,她也感觉出来了。最后,她说:"你不信我也没关系,但凡你能听进去一点,也很有好处。"她说完这些的时候,地铁进站了。这趟地铁也很奇怪,莫名地延误了一些时候。我对她说我要走了,然后往地铁门走去。她向我道别,然后,说出了我的名字,可我明明

写在后面的话

没告诉过她。上了车我就往窗外看,却再没看到她的身影。

每次遇到这种事,我都把它看成是偶然碰上的怪事。只是,这种事情发生了很多次,当时没在意,现在我开始慢慢明白了。过去的痛苦,帮助我发现了自己的兴趣所在,并最终引导我发掘生命的意义。内心深处,我最快乐的事就是帮助别人活得更好。看到别人开心,我就高兴。

2015年年底,我开通了一个社交账号,把我对人生、爱和意义的感悟放在上面分享出来。我的目的是通过网络,传播正能量。我意识到通过这个免费平台,我可以帮助很多人为生活增添价值,并且无须向他们收费。

没过几个月,我的粉丝数越来越多,很多人喜欢看我分享在社交账号上的话。随着热度的上升,每个月都会有很多人找我咨询,他们欣赏我对于人生的看法。于是,我有了为人指路,引导他人获得新生的机会。

到了今天,我把自己称为"心灵导师"——能够帮助人们转变心态,过上积极人生的人。如果你对此感兴趣,想联系我,请登录我的个人网页:vexking.com。

致　谢

考莎，我亲爱的妻子，我的灵魂伴侣，我的挚友，谢谢你。是你的鼓励，让我写出了这本书，是你给我的启发与激励，让我决心向世界分享我的感悟。一直以来，你都相信我，你懂我，你明白我能做什么，不能做什么。要不是有你的陪伴，我这一路不可能走得这么远。你就是我最完美的人生伴侣。

姐姐们，谢谢你们。你们照顾我长大，包容着我的任性。我明白这有多不容易，谢谢你们耐心地等待着我的成长。我们从小相依为命，一起度过了那些最困苦的阶段。没有你们，我觉得我可能撑不到现在，长成今天这样一个顶天立地的男人，还能够向别人传播智慧。

致谢

简,我的经纪人,还有我们在贺氏书屋的团队。谢谢你们的信心——对我这本书的信心,以及对我的话能够改变世界的信心。对你们付出的辛苦劳动,还有你们对我的支持,我铭记于心。是你们给了我改变世界的机会。

最后,衷心感谢我在社交媒体上的粉丝们,谢谢你们一直以来的支持和鼓励。写这本书,是因为你们;写这本书,也是为了你们。

GOOD VIBES, GOOD LIFE
Copyright © 2018 Vex King
Originally published in 2018 by Hay House UK Ltd.

© 中南博集天卷文化传媒有限公司。本书版权受法律保护。未经权利人许可，任何人不得以任何方式使用本书包括正文、插图、封面、版式等任何部分内容，违者将受到法律制裁。

著作权合同登记号：图字 18-2023-054

图书在版编目（CIP）数据

高频情绪练习 /（英）威克斯·金 (Vex King) 著；王明霞译. -- 长沙：湖南文艺出版社，2023.9
书名原文：GOOD VIBES，GOOD LIFE
ISBN 978-7-5726-1309-8

Ⅰ.①高… Ⅱ.①威…②王… Ⅲ.①情绪－自我控制－通俗读物 Ⅳ.① B842.6-49

中国国家版本馆 CIP 数据核字（2023）第 128398 号

上架建议：畅销·心理励志

GAOPIN QINGXU LIANXI
高频情绪练习

著　　者：	［英］威克斯·金（Vex King）
译　　者：	王明霞
出 版 人：	陈新文
责任编辑：	匡杨乐
监　　制：	于向勇
策划编辑：	刘洁丽
文案编辑：	刘春晓　王成成
营销编辑：	时宇飞　邱　天　黄璐璐
版权支持：	张雪珂
封面设计：	末末美书
版式设计：	李　洁
内文排版：	谢　彬
出　　版：	湖南文艺出版社
	（长沙市雨花区东二环一段 508 号　邮编：410014）
网　　址：	www.hnwy.net
印　　刷：	北京中科印刷有限公司
经　　销：	新华书店
开　　本：	775 mm × 1120 mm　1/32
字　　数：	168 千字
印　　张：	9.25
版　　次：	2023 年 9 月第 1 版
印　　次：	2023 年 9 月第 1 次印刷
书　　号：	ISBN 978-7-5726-1309-8
定　　价：	52.00 元

若有质量问题，请致电质量监督电话：010-59096394
团购电话：010-59320018